KB267507

미루의 마야문명 탐험

김미루 지음

통나무

Miru Kim

필자 김미루Miru Kim는 1981년, 미국 마사츄세츠 주 스톤햄에서 태어나 서울에서 유년시절을 보냈다. 이대부속 초등학교, 금란여중을 다녔는데, 중학교 2학년 때 자신의 결정으로 도미하여 L.A. 라파즈 중학교를 거쳐 마사츄세츠 주 앤도버 필립스 아카데미에 입학하여 1999년 우수한 성적으로 졸업하였다. 그 후 컬럼비아대학에서 불어불문학을 전공하고, 아버지의 권유에 따라 의학을 전공했으나, 결국 자신의 소질과 희망에 따라 프랫 인스티튜트에서 서양화를 공부했다(2006년 졸업, 미술학석사MFA). 이스트 리버 미디아에서 2년 동안 그래픽 디자이너, 사진작가로 활동하다가 『뉴욕타임스』에 하나의 "전설"로서 소개되어 세계인의 주목을 받았다. 헐스트 코퍼레이션의 『에스콰이어』 매거진에서 예술가로서 최고의 대중문화 영예라 할 수 있는 "베스트 앤 브라이테스트"로 뽑혀 세계적인 명성을 획득하였다. 그리고 TED에 초청받아 강연했는데, 인기가 높아 웹사이트 프론트 페이지에 올라갔다. 그 후 인간과 문명의 본질을 탐색하는 작품활동을 계속했는데, 뉴욕, 마이애미, 이스탄불, 베를린 등의 유명갤러리에서 전시했다. 2009년 현대갤러리에서 유례없는 전관전시를 하여 한국인들의 사랑을 받았다. 서울 트렁크갤러리 개인전, 타이완 까오시옹 피어 아트센터 개인전, 뉴욕 첼시갤러리 개인전, 스위스, 크로아티아 퍼포먼스, 폴란드 비엔날레 등 다양한 작품활동을 계속했다. 김미루의 작품은 국립현대미술관과 리움, 서울시립미술관, 한미포토뮤지엄에 소장되어 있다.

현재 그는 멕시코의 유카탄 반도의 도시 메리다Mérida에 살면서 작가로서 활동하고 있다.

목차

마야문명은 인류가 지구상에 쌓아올린 고문명 중에서도 매우 고등한 사회의 모습을 형성하였다. 아메리카대륙의 문명들 중에서도 가장 오래된 서책을 남겼으며, 그것은 BC 200~300년 사이에 완성된 것으로 추정되는 놀라웁게 정교한 문자체계들로 기록된 것이다. 그러나 불행하게도 이 위대한 문명은 가장 곡해된 불우한 문명이기도 하다. 스페인 침략자들, 종교적 열정에 불타있던 신부들에 의하여 그토록 위대한 문헌들이 다 불살라져서 그 탐색의 자료가 남아있질 않기 때문이다. 그 왜곡과 멸절의 역사는 계속되어왔다.

마야 땅에 살고 있는 한 외국인으로서, 나는 마야문명의 정체성과 그 문화적 창조성에 관하여 가급적인 한 정밀하고 편견 없는 인식을 갖고 싶어한다. 고문명이 근대 멕시코문명에 끼친 영향을 탐구하고, 그들의 역사를 형성한 지리를 탐색하고 있다. 유카탄반도에서 살고 있는 나의 체험을 쓰려고 하는 나의 시도는, 서구적 근대성에 의하여 파멸되거나 자연에 다시 묻혀 버리고 만 이 위대하고도 강력한 문명의 막대한 범위의 일단을 긁어대는 시도에 지나지 않는다.

마야의 옛 땅을 의미 있게 만들어 보려는 나의 가냘픈 노력은 이 문명과 씨름해온 동시대의 훌륭한 학자들의 업적에 비하면 보잘것 없는 것이다. 그러나 나와 동일한 입장에 서있는 평범한 독자들은 나와 함께 토착문명의 지혜를 존중하고 이해하는 마음자세를 가져주기를 바라는 것이다. 마야인들이 살았던 삶의 자생적 에코시스템을 존중하는 우리의 공동의 노력이 있어야만 인류역사에 빚어진 오류와 비극을 되풀이하지 않을 수 있게 되는 것이다.

마야는 신비다! 영원한 신비로 남을 수밖에 없을 지도 모른다. 마야가 남긴 완고한 사실은 고등하고도 위대한 것이다. 그것을 개발하고 유지시킨 마야지성의 도덕성이 우리에게 전달이 되고 있질 않다. 나는 그 고등한 실재와 현대문명의 저등한 평가의 모순과 마찰을 줄여보려고 노력하고 있다.

독자들은 나와 같이 마야의 밀림을 헤쳐가면서 같이 구슬

땀을 흘리게 될 것이다. 때마침 서울 인사동 한복판 루벤에서 마야문명탐구를 주제로 하는 회화전시회가 열리게 되어 (2026. 3. 11.~3. 31.) 이 책을 전시회의 의미를 친절하게 해설하는 정성으로 출간하게 되었다.

　여기 글들은 『월간중앙』에 연재되었다. 이 책이 발간되는 시점에도, 이 탐험의 문장은 줄기차게 연재되고 있다. 먼 곳에서 외로운 탐험을 계속하고 있는 한 작가에게 한국의 독자들과 만날 수 있는 기회를 허락해주는 『월간중앙』의 제현 모두에게 감사의 정을 표한다.

2026년 2월 20일

메리다에서

김미루

이곳에 운석이 떨어지며 공룡의 시대는 종말을 맞았다

1

사막에서 뉴욕으로, 그리고 유카탄반도에 서다

세속적으로 뛸 것이라고는 아무 것도 없는 한국의 한 여성이 별 특별한 이유 없이 낯선 멕시코의 유카탄반도에 있는 메리다Mérida라는 조그만 도시에 산 지가 벌써 7년이 넘었다는 사실에, 누구든지 의아한 느낌을 갖는다. 내가 지구상의 모든 위대한 사막에서 완벽한 유목민적 방랑객으로서 3년을 보냈다는 사실을 아는 사람은, "메리다?"라고 해도 별로 의아하게 생각치는 않을 것 같다. 인생이란 그냥 그렇게 흘러가는 것이니까. 그런데 실상, 지금 내가 살고 있는 메리다라는 스페인 식민지 시대에 개발된 도시는 이색적인 곳이기는 하다. 메리다는 내가 20년을 산 뉴욕에서 결코 멀리 떨어진 곳이 아니다. 뉴욕 같은 메트로폴리탄 도시에 비하면 작은 규모의 타운이지만, 멕시코에서는 근대적인 모양을 갖춘 제법 큰 도시에 속한다.

내가 왜 이곳으로 와서 살게 되었는지에 관한 세속적 이유를 밝히기 전에, 이곳이 바로 6천6백만 년 전에 직경 15km의 유성이 꽝! 지구에 충돌한 곳이라는 그 사실을 언급하지 않을 수 없다. 이 사태로 인하여 모든 비조류의 공룡(Non-avian dinosaurs)이 일시에 지구로부터 사라지게 되었다. 내가 왜 여기 와서 살게 되었는지에 관해 대답할 수 있는 하나의 실마리는, 공룡의 시대를 종료시킨 그 거대한 충돌 분화구에 장착되어 있는 어마어마한 에너지도 나를 끌어당긴 유혹의 한 요소라는 것을 고백할 수밖에 없다.

"대멸절"이 인간을 있게 만들었다

대략 1억6천5백만 년이라는 긴 시간 동안 공룡은 이 지구를 지배하고 있었다. 쥐라기와 백악기의 왕자였다. 인간이라는 동물의 진화는 최근 300만 년 사이에 집약적으로 이루어졌다는 것을 생각하면, 공룡의 지배가 얼마나 긴 시간의 왕노릇이었는지 인식하기 어렵지 않다. 그런데 6천6백만 년 전, 인간이 지구의 역사에 등장하기 훨씬 전, 공룡을 비롯한 파충류의 대부분, 우리의 자녀들이 어린 시절 반드시 한 번은 사랑하는 생명체의 대부분이 일시에 감쪽같이 사라졌다. 화석의 역사상으로 볼 때 그것은 정말 수수께끼 같은 사실이었다.

화석고생물학자들의 집요한 노력으로 이 수수께끼는 확고한 증거를 확보하게 된다. 유카탄 반도의 북방해안에서 얼마 떨어지지 않은 지점, 지금 치크슈룹Chicxulub이라고 불리는 마을에 거대한 별똥별이 충돌한 여파로 생겨난 대재앙으로 일어난 대멸절the mass extinction의 결과라는 결론에 모두가 도달하게 된다.

이 사건이 있기 전, 그러니까 중생대 최후의 지질시대인 백악기 시대(1억4천5백만 년 전에서 6천6백만 년 전까지)에는 지구의 기후는 매우 온화하였고, 절도 있는 변화를 자랑하였다. 빙하가 거의 없었고 남극, 북극도 푸른 숲으로 우거져 있었다. 우리가 지금 남미라고 부르는 대륙에는 몸무게 60톤이 나가는 공룡들이 풍요로운 채소를 아작아작 씹어대고 있었다. 그러는 중에 갑자기 에베레스트 산 만한 운석이 초속 20킬로, 그러니까 음속보다 58배나 되는 빠른 속도로 유카탄 반도를 때린 것이다. 평화스러운 지구에 닥친 이 순간의 사건은 진실로 어마어마한 파괴를 동반하였다. 1945년 히로시마에 떨어진 원자폭탄 50억 개에 상응하는 운동에너지를 방출하였다. 충돌의 그 순간 유카탄 지역의 온도는 섭씨 5천 도로 올라갔고, 표면을 액체화시켰고, 기화된 바위와 미네랄들은 공중으로 날아갔다. 제5 카테고리 수준의 몇 배나 되는 엄청난 스케

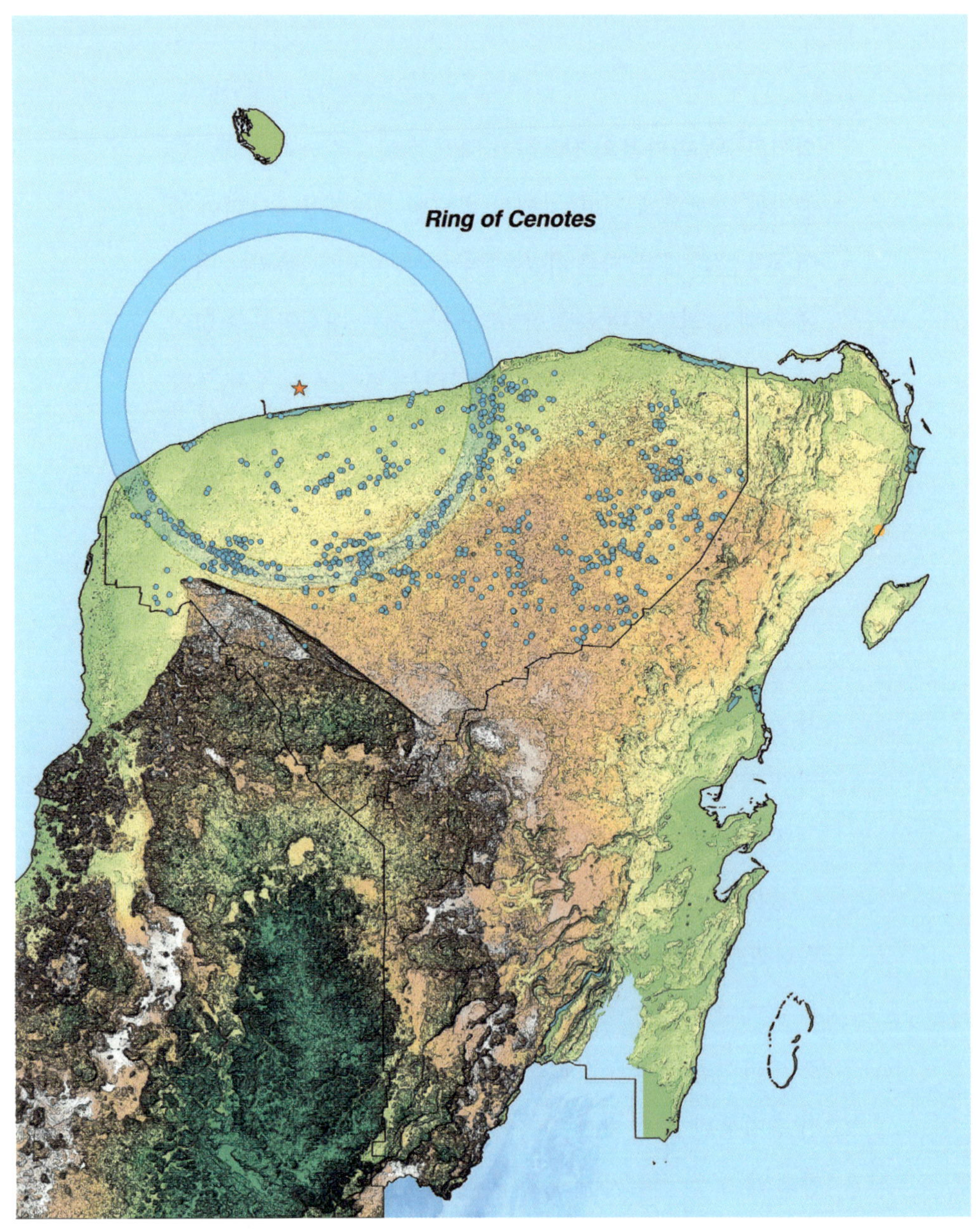

멕시코 유카탄반도에 거대 유성이 떨어지며(별표가 충돌 장소) 인류의 역사가 시작되는 계기를 맞았다

사진 = 노스웨스턴대학 홈페이지

 미루의 마야문명 탐험

일의 태풍, 그리고 1,500미터의 높이에 달하는 쯔나미를 발생시켰다. 순간 이 분화구의 주변으로는 히말라야 산보다도 더 높은 산맥테두리가 형성되었다. 그 분화구는 현재 직경 180km를 넘는 것으로 측정되고 있다. 분화구 가까이 있는 모든 형태의 생명의 멸절이라는 사태는 연쇄적으로 유발되는 재앙의 눈꼽만큼도 안되는 사태였다.

치크슈룹충돌은 유황 가스와 미세한 먼지로 엉킨 버섯모양의 형상을 대기로 뿜어내었고, 그것은 점차 지구전체로 퍼져서 태양광선을 차단시켰다. 들판의 불길은 맹렬하게 번졌고, 사방에 불기둥천지였다. 암흑세계가 약 2년 동안 지속되었고 광합성을 불가능하게 만들었다. 온도는 떨어졌고, 추위는 음식순환에 결정적인 파괴를 수반하였다. 지구상에 존재하던 모든 생명체의 75%가 단시간 내에 사라지고 말았다. 겨울은 15년 동안 지속되었다. 거대한 몸뚱이를 지니고, 다량의 음식섭취를 요구하는 당대의 왕자, 공룡들에게는 이 사태는 너무도 치명적이었다. 짧은 시간에 모든 공룡이 멸절되었지만, 공룡 중에서 조류에 속하는 익룡翼龍 계열의 생물이 살아남았다. 이 생물이 우리가 지금 "새"라고 부르는 동물로 진화한 것이다. 보편적 지층대의 연구로 밝혀낸 "K—Pg대멸절"(Cretaceous–Paleogene extinction event)이라고 부르게 된 이 사태의 멸절의 재앙을 지구는 서서히 극복해갔다. 생명은 결코 멸절되지 않는다. 대멸절 이후로 포유류의 동물이 새로운 왕자로 등장하게 된다. 퍼게토리우스Purgatorius라고 불리우는 쥐처럼 생긴 작은 생명체가 인간을 포함한 영장류의 조상으로서 그 재앙을 극복해낸 포유류의 원조라고 여겨지고 있다.

이 작은 모피로 덮인 쥐새끼 포유류가 티라노사우르스와 더불어 살았고, 그 멸절재앙의 환경에 잘 적응할 수 있는 특징을 가지고 있었기 때문에 멸절을 극복해냈고, 궁극적으로 인간을 있게 만들었다는 이 믿기 어려운 사실은 온 생명이 하나라는 동방철학의 예지를 일깨워준다. 만약 그 큰 운석이 지구를 때리지 않았더라면 우리 인간은 존재하지 않았을 것이다. 그리고 이 지구는 슈퍼인텔리전스를 소유한 파충류들의 문명세계를 진화시켰을 것이다.

이러한 사유의 핵심에는 내가 지구역사상 생명의 대멸절과 부활, 그리고 인간종자의 태어남을 가능케 한 어떤 지점에 살게 되었다는 자기합리화의 변론이 들어있지만, 그것은 내가 그러한 이유를 따라 그러한 곳을 찾아가 살게 되었다는 뜻은 아니다. 나는 사막에서 3년을 살았다. 죽음이라는 문제를 놓고 유목민의 삶을 체화하려고 노력했다. 끝없는 침묵 속에서 고독을 즐겼다. 그러면서 대도시의 삶은 나의 터전이 될 수 없다는 생각을 굳혀갔다. 그리고 자연과 조화되는 삶을 누리기 위하여 신비로운 유카탄의 아열대환경이 적절하겠다는 생각이 어느샌가 나에게 스며들었다.

8년 전 내가 멕시코에 왔을 때는 인간이 육고기를 식품으로 삼는 대신, 식용가능한 곤충으로 관심을 쏟아야 한다는 생각이 나를 사로잡고 있었다. 우리가 어렸을 때, 메뚜기를 볶아 먹고 번데기를 삶아 먹었던 것을 생각하면 별로 기괴한 이야기가 아니다. 멕시코는 곤충식품이 300여 종 이상이며, 매우 다양한 조리방법이 있다. 육류산업의 여러 가지 연쇄적인

폐해를 생각하면, 곤충식품의 대중화가 인류에게 건강과 좋
은 환경을 제공할 수 있겠다는 생각에 골몰하여 나는 나의 연
구프로젝트로서 멕시코의 문화와 인간을 선택했던 것이다.

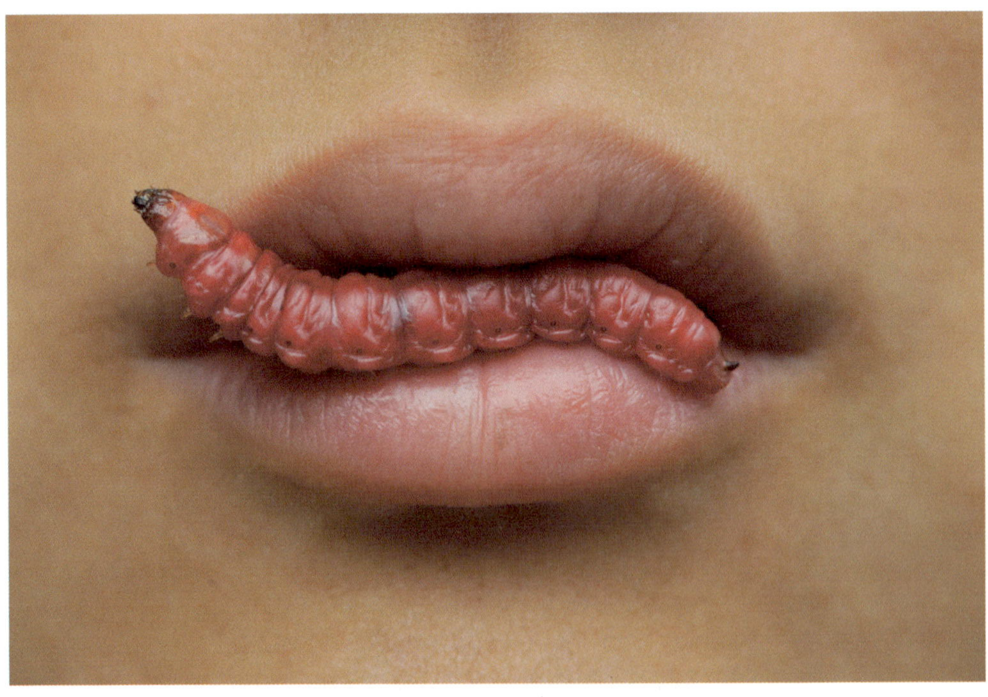

【식용곤충을 먹고 있는 저자】
큰 선인장에서 자라는데 "치니쿠일레"라고 한다.

개에게 적합하지 않은 도시, 뉴욕

2013년, 유엔의 FAO는 미래의 글로벌 식량 씨큐리티의 방안으로 곤충식품을 옹호하는 백서를 발간하였다. 대규모 곤충식품의 생산을 장려하는 프로젝트도 발간하였다. 그러나 이 계획은 그들이 예상한 대로 흘러가지 않았다. 너무도 긴 시간 동안 육류를 섭취해온 인간들에게 고기를 안 먹고 벌레를 먹는 것이 여러모로 인간과 지구의 환경을 위하여 이상적이라고 설득하는 것이 용이하지가 않았다. 그것이 아무리 과학적으로 참이라 해도 실천으로 옮겨지질 않는 것이다. 그리고 식용곤충의 산업적 생산을 안전하고 경제적으로 만드는 데는 많은 테크놀로지컬한 장애가 있었다.

내가 사막에서 3년살이를 하는 동안 나의 관심은 거친 환경, 최소한의 문명, 지속가능한 삶의 양태에 관한 것이었다. 그리고 이러한 삶의 양태에 빼놓을 수 없는 것이 동물기르기라는 것을 깨달았다. 가축으로서의 낙타, 당나귀, 염소는 인간이 사막에서 생존하기 위하여 절대적으로 필요한 것이다. 그것들은 식품이 되기도 하지만, 교통의 수단이 되기도 하고, 보금자리를 제공하기도 한다(염소털로 천막을 짠다). 개도 유목민에게는 중요한 역할을 담당한다. 가축떼를 보호하기도 하고 사냥을 돕기도 한다.

요르단의 사막에서 뉴욕을 거쳐 멕시코에까지 데려온 나의 개 게르나스Guernas는 지극히 열악한 환경 속에서 고통을 받던 생명체였다. 그 개는 베두인 가족에 의하여 보초견으로 사육되었는데, 그 기능을 충실히 이행하지 못하자 그냥 쓰레기장 뒷켠에 버려졌다. 쓰레기나 주워먹다가 홀로 죽으라는 식이었다. 그 개는 매우 영민했고 나를 잘 따랐기 때문에 나는 그가 겪는 고초를 그냥 방치할 수가 없었다.

나는 본시 페트를 좋아하는 사람이 아니다. 인간이 문명 세계에서 정도를 걷지 않고 페트에 사랑을 쏟는 비정상적인 대리만족을 나는 매우 정당치 못한 삶이라고 생각한다. 나는 화분조차도 사랑하지 않는다. 책임을 질 수가 없기 때문이다. 식물도 자기가 원하는 환경에 있어야 한다. 그것을 아파트에 옮겨놓고 사랑을 쏟는 것은 그렇게 아름다운 발상이 아니다. 분재도 그 나름대로 훌륭한 이유가 있겠지만 아름답지 못하다. 인위 속에 갇힌 자연은 스스로 그러함의 여건을 충족할 수 없다. 나는 여행을 많이 하기 때문에 그러한 책임을 감당할 수가 없다.

게르나스는 생명에 대한 존중이라는 나의 천성적 성향에서, 그가 학대받는 것을 견딜 수 없어 결국 그를 비행기에 태윘지만 나는 게르나스로 인해 나의 삶의 여로에 새로운 방향이 생겨났다. 내가 사막생활을 끝내고 뉴욕에 돌아왔을 때, 나는 게르나스의 입장에서 뉴욕이라는 문명세계를 바라볼 수밖에 없었다.

첫째 뉴욕은 게르나스에게 건강한 환경이 아니었다. 그가 겪는 모든 불건강한 환경요소가 인간인 나에게도 똑같이 적용되었다. 엘리베이터, 빌딩의 계단, 길거리의 트래픽, 버스, 모든 길의 포장, 지하철 통풍구에서 뿜어대는 불결한 바람과 악취, 이 모든 것이 게르나스에게 비자연적이었고 나에게도 마찬가지였다. 나는 자연스러운 환경을 강렬하게 희구하게 되었다.

둘째, 미국사회는 완벽하게 돈이 지배하는 사회이다. 대표적인 예가 의료보험제도이다. 수의료가 너무도 비싸서, 페트의 소유자들은 페트보험을 들지 않으면 안된다. 페트보험은 미국의 수십억 달러의 산업시스템이다. 수의사는 동물에 대한 체험이나 동정이 전혀 없다.

셋째, 미국의 생활이라는 것은 기본적으로 개인주의적 문화인데 그 자체로써 파라독스 투성이이다. 돈이라는 것을 넘어서는 순수한 인간관계는 근원적으로 불가능하다. 게르나스는 미국 개들과는 다른 환경에서 컸고 그들과는 다른 반응 체계에서 컸기 때문에 그의 행태는 항상 고소당할 수 있는 위험에 처하게 되었다. 죽임을 당할 수 있는 위협에 항상 처한다. 미국에서 친구를 갖는다는 것은 내가 그들에게 어떤 재정적 혜택을 줄 수 있는 한에 있어서만 유효한 것이다. 인간관계의 최종적 함수는 언제나 돈이다. 게르나스의 생명의 권리를 존중하는 나는 그들에게 유용한 친구가 될 수 없었다.

멕시코의 따뜻한 무질서

내가 미국의 뉴욕이라는 도시를 벗어나는 계획을 세운 것은 게르나스와도 관계가 있다. 내가 2017년 처음으로 멕시코를 방문했을 때, 로컬한 시장과 레스토랑에서 곤충식품요리가 제공되는 현황을 연구하고 있었다. 그리고 보다 더 촌스러운 음식을 탐색하기 위하여 푸에블라Puebla와 오악사카Oaxaca를 방문할 계획을 세우고 있었다.

멕시코시티에 대한 나의 첫 인상은 1980년대 후반과 1990년대 초반, 나의 어린 시절의 서울을 걸어다니는 것과 유사한 느낌이었다. 오염과 길가의 쓰레기뿐만 아니라, 부촌과

빈촌의 극심한 시각적 대비, 풍요로운 음식 포장마차들, 어슬렁거리는 사람들의 군집, 큰 사각 광장을 메우는 사람들, 상업적 지구에 아무렇게나 디자인된 모던 건축들, 여러 층에 자리잡은 레스토랑들, 도시를 둘러싸는 산과 언덕들이 모두 나의 옛 정취를 자극했다. 넓고 혼잡한 퍼블릭 마켓의 다이내미즘은 나의 몸의 모든 감관을 자극한다.

나는 고궁과 박물관, 그리고 성당들이 밀집해 있는 곳에 숙소를 정하고 있었다. 그곳은 로마Roma라고 불리는 아름다운 곳이었는데, 스페인 식민지시대의 건축물과 거대한 나무와 공원이 자리잡고 있었다. 그곳을 더 탐색해보니 놀라웁게도 너무도 많은 까페와 레스토랑과 바아들이 있었는데 젊은 멋쟁이들이 드나들었다. 음식은 뉴욕시티의 품격 높은 수준이었는데 값은 절반이었다. 라이프 스타일도 긴장감이 없었고 대부분의 공간이 오픈되어 있다. 많은 사람들이 자유롭게 공원에서 개를 끌고 다니고 있었고, 사람들은 벤치에 앉아 있거나, 길가 까페에서 담소를 즐기고 있었다.

멕시코 "로마"에서 받은 신선한 바람

나는 이곳의 생활환경이 개에 친화적임을 발견했다. 뉴

욕과 대조적이었다. 공적 공간에 규율이 적었다. 까페에 앉아 있는 사람들이 자연스럽게 개를 테이블 밑에 두고 있었다. 길거리에서는 많은 사람들이 훈련 잘된 개들을 데리고 줄 없이 산보하고 있었다. 뉴욕에서는 물론 이러한 것은 불법이다. 뉴욕은 뉴욕 나름대로 어쩌지 못하는 사정이 있겠지만 멕시코에서 내가 경험한 카오스는 인간에게 여유로운 감각을 선사했다. 이러한 카오스가 많은 사람에게 불편감을 줄 수도 있다. 그러나 당시의 나에게는 멕시코시티의 카오스는 뉴욕의 삶을 청산하고 멕시코로 이사를 해야겠다는 당위성을 제공했다. 그러나 내가 멕시코로 이사오게 되는 가장 큰 이유는 사람이었다. 멕시코의 인간들에게서 나는 존재이유를 발견했던 것이다.

내가 만나는 사람들은 대도시 주거민이든, 시골의 토착민이든 따뜻했고 호의적이었다. 그리고 그들의 그러한 표정과 행위의 배면에는 순결함이 있었다. 멕시코 사람들과 한국 사람은 매운 것을 잘 먹는다. 매운 것을 잘 먹는 문화 사람들의 특징은 감정이 풍요롭다는 것이다. 사랑과 희열과 비애의 감정을 직선적으로 노출시킨다. 멕시코 사람들의 발산적인 정감의 성품은 미국에서 그토록 오래 산 나에게는 매우 신선한 "바람"이었다.

이 평화로운 마을에 지진이 일어나면서, 나는 거주지를 메리다로 바꿀 수밖에 없었다

2017년 8월 말, 멕시코 여행에서 돌아왔을 때, 나는 멕시코시티의 역사도시 중심으로 나의 거소居所를 옮기기로 결심했다. 맨해튼의 삶에 비해 더 건강한 라이프 스타일을 제공받으리라고 기대했다. 물론 예술과 활기 넘치는 문화에 대한 접근성도 좋았다. 수없는 문화적 조직들과 역사유적이 나를 기다리고 있었다. 나는 즉각 작은 규모의 아파트 건물에 옥외 테라스가 있는 조용한 층을 모색하기 시작했다.

그런데 예기치 못했던 재앙이 발생했다. 처음에는, 2017년 9월 7일 오악사카와 치아파스Chiapas의 남부해안 가까이 있는 지역에서 8.2°의 지진이 강타했다. 새벽 아주 이른 시각, 사람들이 곤히 자고 있던 때에 땅이 흔들렸다. 96명이 사망했고, 어마어마한 물질적 파괴가 초래되었다. 멕시코시티에서도 진동이 느껴졌다고 했다. 나는 뉴스를 듣자마자 오악사카에서 만난 아티스트 커플에게 안전한지를 타진하는 전화를 했다. 다행스럽게도 그들은 다치지 않았다고 했으나, 그들의 스튜디오는 완전히 망가져버렸다고 했다. 딱한 소식이었다. 충격이었다.

정말 아름다운 날씨와 자연환경과 깨끗한 공기, 믿을 수 없도록 맛있는 음식문화로 유명한 오악사카는 내가 살 수 있는 곳으로 점쳐져 있었다. 멕시코시티의 다음 순으로 꼽은 거처였다. 그런데 순간 그 리스트에서 탈락될 수밖에 없었다.

오악사카의 주택가, 한국과 비슷하다

메리다를 최종 귀착지로 결정한 이유

그런데 불과 12일이 지난 후, 또 하나의 메가급 지진이 멕시코시티를 강타했다. 7.1°의 강진이었는데 300명 이상의 사망자가 나왔고, 6,000명 이상의 부상자가 발생하였다.

최소한 40개의 건물이 무너졌고, 수백 개의 구조물이 파손되었다. 등골을 서늘하게 만드는 이 재앙은 나의 생각을 멕시코시티에서 떠나게 만들었다. 그러나 이러한 재앙이 멕시코로 가고자 하는 나의 열망을 좌절시키지는 않았다. 그들의 끈질김과 사회통합과 소통하는 감정의 공동체정신으로 인한 빠른 회복은 나를 더 강렬하게 멕시코로 끌어당겼다. 나는 멕시코 사람들에 대하여 보다 깊은 경애감을 갖게 되었다.

나는 멕시코에 관한 3종류의 지도를 컴퓨터에서 뽑아내었다. 하나는 100년 동안의 지진사건이 표시된 것, 하나는 170년간의 허리케인 트랙이 표시된 지도, 마지막 지도는 현재의 범죄율을 표시하는 지도였다.

이 세 개의 지도를 연구한 결과, 나의 검지 손가락이 가리킨 곳은 유카탄 반도의 도시, 메리다Mérida였다.

【메리다의 쌍 크리스토발】
나의 새 거주지와 멀지않은 곳에 있는 광장이다

【그리팅맨】

조선인 노동자와 결부된 애니깽의 역사로부터 내려오는, 한국과 멕시코의 우정을 나타내는 상징물

2

메리다 소묘

애니깽의 공간에서 K-웨이브가 맺어준 인연

메리다라는 도시는 유카탄주의 수도이다. 실상 나는 나의 이삿짐가방에 생활도구들을 쑤셔 넣으면서도 이 도시에 관해 별로 아는 것이 없었다. 그때에는 그냥 멕시코라는 나라에 새로운 삶의 자리를 개척해야겠다는 열망을 실현하기 위하여 지도상에 과감하게 점을 찍은 곳이었을 뿐이다. 방황의 종결이었다. 인구 1백만을 조금 넘는 이 중용의 싸이즈의 도시는 멕시코에서 가장 안전한 도시로 평가가 나와있다.

아메리카대륙에서 "안전하다"는 평가에 내 몸을 맡기는 것은 좀 불안한 발상이기는 하지만, 최소한 대자연의 재해가 없는 곳이라는 평가는 위로가 되었다. 2017년 말, 내가 이사를 기획하고 있을 때, 유카탄이라는 곳에 관하여 알고 있는 전부라고는, 대학교에서 미술을 전공하고 있을 때 "유카탄"

이라는 이름이 들어간 에포칼하고도 참신한 9개의 설치미술 작품, "유카탄 거울설치 9연작*Yucatán Mirror Displacement*(1-9)" 이라는 작품을 통해서였다. 그냥 네모난 거울들을 유카탄의 다양한 장소에 배열해놓고 사진을 찍은 설치-사진작품인데, 땅에다가 조형물을 설치하여 대지 그 자체를 예술화하는 랜드 아트Land Art의 원조였다. 작자는 로버트 스밋손Robert Smithson이었는데 1938년에 태어나서 1973년, 불과 35살의 나이에 죽었다. 작품을 만들기 위해 본인이 직접 비행기를 몰고 가다가 추락사고로 영면하였다. 아쉽게 요절하였지만 미국미술사에 뚜렷한 에포크를 만들었다는 의미에서는 행운의 사나이라고 할 것이다. 유타의 솔트레이크시티의 그레이트 솔트호 북서안에 진흙과 바위를 나선형으로 쌓아 오묘한 형상을 만든 4.6m 폭, 460m 길이의 작품, 『스파이럴 제티*Sipral Jetty*』(1970년작)는 교과서에 실리는 매우 유명한 작품이다.

그의 유카탄을 배경으로 한 거울설치작품은 별로 크게 주목을 받지는 못했지만, 그가 그의 설치미술에 관해 쓴 이론적 에세이는 나의 뇌리에 강렬한 인상을 남겼다. 특히 "유카탄"이라는 단어의 마력은 나의 원초적인 무의식세계를 휩싸고 돌았다. 그의 유카탄 시리즈 작품은 미니말리스트적이었고 또 개념적이었다. 스밋손은 12인치 정방형의 거울 12개를 유

『스파이럴 제티』(나선형의 방파제), 로버트 스밋손 작(1970).

사진=Matthew Kowal

카탄의 노출된 자연의 다양한 공간에 배치하여 그 거울들이 하늘과 풍경을 비추는 그 모습대로 사진을 찍었다. 그 사진에 일체 인간이나 문명의 내음새는 개입되지 않았다. 그리고 그 거울들을 거두어 다른 곳에 다른 방식으로 배치하고 또 사진을 찍었다. 이 거울작품은 1969년 작품이었는데, 이 해 스밋 손은 『아트포럼*Artforum*』이라는 세계적으로 권위 있는 미술잡지에 9개의 사진작품과 함께 그 거울설치 작품에 대한 자기소견, 혹은 자기철학을 담은 논설을 실었다.

그 논설은 "유카탄에서의 거울여행에 부수하여 일어난 사건들"이라는 제목의 글이었는데, 그것은 1843년에 영국의 탐험가 존 로이드 스테픈즈John Lloyd Stephens, 1805~1852가 쓴 여행기의 타이틀을 연상케 하는 글이었다. 스테픈즈의 탐험기의 제목도 "유카탄 여행에 부수하여 일어난 사건들"(*Incidents of Travel in the Yucatan*) 이었는데, 그 여행기는 그와 같이 여행한 화가 프레데릭 케이터우드Frederick Catherwood, 1799~1854의 정밀한 세필의 그림들로 그 실상이 보고되었다. 이 두 사람이야말로 마야문명을 서양의 지식세계에 알린 위대한 탐험가들이었다. 이들의 작업은 지나간 시대의 마야탐험들, 마야의 신화세계, 고문명 마야의 이색적인 제식들, 그리고 밀봉된 채 놓여있는, 그리고 개발의 손길이 미치지 아니

한 야생 그대로의 자연의 신선함을 보고하였다. 그리고 "유
카탄"이라는 어감과 함께 나의 뇌리에 깊은 자국을 남겨놓았
다. 이 책들에게서 얻은 나의 추억은 시대착오적인 낡음에 속
하는 것일지도 모른다. 그러나 나의 감응을 불러일으킨 스밋
손의 생생한 추억들은 50년이 지난 오늘의 나에게도 타당한
것이었다. 스밋손은 말한다: "닥치는 대로 가야 돼. 네가 초
창기의 첫 마야인인 것처럼. 밀림 속에서 길을 잃어버릴 수도
있다는 각오로 뚫고 나가야 돼. 그대가 예술을 창조할 수 있
는 유일한 방법은 이 길밖에 없어!"

태고의 신비 간직한 쎄노테

유카탄반도를 개척시대의 "서부"(wild west)처럼 생각하는
나의 상상력에 기반하여, 물론 미국의 대초원 대신에 마야인
들의 짙은 정글들이 자리잡고 있지만, 나는 유카탄반도의 대
자연 속으로 약간의 리서치를 감행하였다. 그리고 너무도 재
미있는, 유카탄반도에서만 발견되는 쎄노테cenote라는 사건
을 해후하게 되었다. 쎄노테라는 것은, 운석이 충돌했을 때
허약한 석회석(limestones)이 붕괴하여 깊은 지하수맥을 드러
내면서 생겨난 구멍(※ 지질학에서는 지호地壺라고 한다)을 의미한
다. 나는 이 대자연의 경이로운 매혹적 이미지를 몇 개 접했

【유카탄반도에만 존재하는 오픈 타입 쎄노테】

다. 어떤 쎄노테는 지하로 파고 들어간 거대한 원형의 구멍 밑바닥에 자리잡은 수정처럼 푸른 맑은 물의 둥그런 호수 같은 모습을 과시하고 있는가 하면, 어떤 쎄노테는 지하동굴의 깊은 지점에 밑에서 솟아 올라오는 샘물로 형성된 것도 있었다. 쎄노테의 다양한 모습을 접하면서 나는 메리다로 거처를 옮기고자 하는 결심을 굳혔다. 울창한 열대밀림의 녹음을 파헤치면서 지하에 숨겨진 보물을 발견하기도 하고, 은밀하게 감추어진 고대인의 유적을 캐보기도 하고, 하이얀 모래사장의 따스한 에메랄드색의 해수를 애견 게르나스와 함께 느긋하게 즐기는 모습을 연상한다는 것은, 스트레스로 일그러진 맨해튼의 안정성 없이 부산한 대도시의 삶 이후의 나의 갈구에 너무도 완벽하게 들어맞는 꿈이었다.

수 마일 밖의 지평으로도 생명의 빛줄기라고는 아무 것도 없는 모래와 바위뿐인 사막에서, 전기도 없이 수 개월 동안 홀로 캠핑하곤 했던 나의 체험에 비추어볼 때, 유카탄에서의 새로운 모험은 천국에서 즐기며 노니는 소풍과도 같다는 느낌이 들었다. 그 중에서도 쎄노테의 존재는 심오하게 매혹적인 것이었다. 쎄노테는 우리가 흔히 생각하는 "툼벙"이 아니었다. 그것은 심저深底를 알 수 없는 태고의 신비였고, 우주진화의 한 징표였다. 유카탄반도는 지구상에서 이 쎄노테가 발

【동굴 타입 쎄노테】

견되는 유일한 곳이다. 쎄노테와 그리고 동굴이 6천 개 이상 포진되어 있는데, 이 쎄노테는 치크슈룹Chicxulub을 강타한 거대한 별똥별로 인해 생겨난 분화구 주변으로 일정한 거리에 밀집되어 있다. 이 쎄노테야말로 6천 6백만 년 전에 일어난 대충돌을 입증하는 사건이기도 한 것이다. 내가 이곳으로 이사를 왔을 때는 이렇게까지 자세한 사실을 알지는 못했다. 그런데 실제로 쎄노테를 눈으로 보면서 나를 유카탄으로 끌어당긴 마력에는 이 거대한 충돌사건의 인력이 작동하고 있었다고 생각할 수밖에 없었다.

멕시코로 거처를 옮긴다는 사건의 수리數理는 별로 복잡할 것이 없다. 그러나 역시 20년을 살던 맨해튼의 아파트를 정리한다는 것은 신체적으로 또 심리적으로 도전을 받는 사태가 아닐 수 없었다. 가구, 예술품, 옷, 생활기구, 장비, 책 등은 지하실에 내 소유로 되어있는 창고에 꽉꽉 처박아 놓으면 된다. 최종적으로 남은 것은 두 개의 수트케이스와 개였다. 나는 온라인을 뒤져서 정원이 달린 작은 집 독채를 1년 기한으로 세를 얻기로 계약하였다. 집주인은 멕시코 사람이 아니고 나이가 많은 미국부인이었다. 사실 이 작업은 방학휴가를 위해 기획하는 방세예약만큼이나 간단한 일이다. 온라인으로 예약을 완료하면 그냥 비행기 타고 떠나면 그만인 것이다.

단지 내가 산 비행기표가 왕복표가 아니라는 것만 다르다. 애견 게르나스를 데려가기 위해서는 건강증명서가 필요했는데, 그 증명서도 결코 복잡한 것이 아니었다. 내가 칸쿤국제공항에 도착한 것은 2018년 2월 28일이었다. 공항에서 만난 드라이버는 우리를 픽업하여 4시간 반을 스트레이트로 내 메리다 새 주거지까지 달렸다.

나의 새 집은 꽤 조용한 주택가 속에 있었는데 가르시아 히네레스Garcia Gineres라고 불리는 메리다의 센터로부터 그리 멀지 않은 곳이었다. 나의 최초의 인상은 모든 것이 태엽이 풀린 듯한 느낌이었고, 너저분한 보도, 여기저기 길거리에 흐트러진 쓰레기더미, 낙엽, 페인트가 떨어져나가고 있고 녹슨 철골이 드러난 콘크리트집들이 시야에 들어왔다. 그러나 거대한 열대의 나무들, 그리고 하늘을 찌르듯 높이 솟은 야자수 가로수들은 신선한 기운을 불어넣어 주었다. 바로 이것이 내가 여기 온 이유였다. 문명의 피로를 떠나 자연으로!

셋집은 좀 구식집이었다. 1970년대에 지은 원 베드룸이래서 천정이 보통, 혹은 좀 낮은 편이었다. 부엌과 목욕탕은 가장 싼 세라믹 타일로 덮여 있었고, 나머지 모든 공간은 다 흰 곰팡이가 피어나 있었고, 물에서 옮겨 붙은 석회질투성이었다.

먼지로 덮인 것은 말할 것도 없었다. 메리다를 소개하는 사람이 외국인 소유주인 집들이 대체로 보수, 유지가 잘 되었으리라고 귀뜸해주는 바람에, 나는 미국인 소유주 리스팅을 훑어 내려갔던 것이다. 그러나 나는 그 말에 속았던 것이다. 실제로 그 집은 형편이 없었다. 나는 독채에 월세 500달러라 해서 별다른 욕심을 내지 않았던 것이다. 그러나 나중에 알게 되었지만, 미화 500불이 거기서는 엄청난 폭리라고 평가되었던 것이다. 토착적인 집주인에게서 세를 얻었더라면 훨씬 더 실속 있는 집을 만났을 것이라고 했다.

【가르시아 히네레스】
내가 새롭게 정착한 곳

그러나 나의 마음상태는 도시생활을 벗어나는 데 집중되어 있었고 또 몇십 년 과거로 거슬러올라가 허름한 세계에 산다는 것은 결코 불쾌한 일이 아니었다. 내가 잘 방이 있고, 게르나스와 같이 지낼 수 있는 뒷마당이 있는 한 나는 생활의 불편 같은 것은 애초에 관심이 없었다. 몇 날 동안 죽으라고 문지르고 닦고 쓸고 해보니, 그런 대로 살 만한 곳이 되었다. 인간은 새 환경에 적응하게 마련이다.

그 독채는 뒷쪽으로 마당이 딸려있었는데 뉴욕에서 온 나의 감각으로 말하자면 그 마당은 거대한 것이었다. 실상 그곳에는 망고, 구아바, 부처님머리처럼 생긴 여지, 그리고 다른 종류의 이름을 알지 못하는 색다른 과일들이 있었는데 이런 환경이란 도시에 살 때에는 꿈도 꾸어보지 못한 그 무엇이었다. 이 모든 것에 대한 나의 감수성은 너무도 신선했다. 그리고 매일 이런 광경을 만나게 되면 멍청하게 입을 벌리고 감탄하게 된다. 보도 한가운데 서있는 오렌지나무를 만난다든가, 뒷마당 벽에 머리카락 많은 거대한 독거미가 위압적으로 달려있는 모습을 본다든가 하는 것이 모두 충격이었다.

처음에 나의 메리다 코스모스의 중심에는 옥쏘Oxxo(라틴

아메리카에서 가장 편리한 스토어이며 가장 큰 체인이다. 멕시코에서도 가장 보편적으로 편재하는 스토어이다)가 있었다. 우리집에서 두 블럭 떨어져 있었고, 그 코너에는 한 패밀리가 집에서 공급하는 지역요리 음식점이 있었다. 이 작은 패밀리 레스토랑을 나는 잘 이용했는데, 메뉴는 대체로 옥수수가루를 반죽해서 만든 넓적한 호떡 같은 것을 소재로 하는 다양한 요리들이다.

이태리음식이 밀가루 베이스라면 여기 요리는 옥수수가루 베이스라고 생각하면 된다. 유카탄반도에 유니크한 향토음식으로 살부테Salbutes와 파누쵸Panuchos를 꼽는다. 옥수수가루 반죽을 기름에 튀겨서 만든 토르티야tortillas(이것은 이 사람들의 "밥"과도 같은 기본음식이다) 위에다가 잘게 찢은 터키살, 피클화된 양파, 토마토, 상추, 아보카도 등을 올려놓는다. 그런데 살부테와 파누쵸의 유일한 차이는 그 밑에 있는 호떡 같은 것이 살부테는 한 층이고, 파누쵸는 겹이라는 것이다. 파누쵸를 만들 때는 토르티야를 두 장 까는데, 그 사이에 콩으로 만든 페이스트를 넣어 튀긴다. 이 음식은 나의 입맛에는 너무 기름져서 먹기가 불편했다. 그러나 로칼 가정에서 만든 하바네로(*habanero*) 칠리소스와 라임을 곁들이면 이 음식들을 엔죠이할 만했다. 하바네로 칠리소스는 한국의 고추로 만든 그 어느 것보다도 더 매웠다.

나는 이 레스토랑을 저녁 때 자주 찾았다. 꼭 식사를 위해서라기보다는 우정 때문에 찾았다. 나는 그곳에서 20대의 3명의 여성을 만났던 것이다. 그 중 두 명은 힐다Gilda와 사라Sara라고 했는데, 이 둘은 자매였다. 이 레스토랑은 힐다 패밀리가 운영하는 곳이었는데 힐다의 베스트 프렌드인 프리다Frida가 이 자매의 레스토랑의 사업을 도와주고 있었다. 큰 언니 힐다는 좀 땅딸막하고 포동포동했는데, 둥근 얼굴에다가 항상 미소를 띠고 있었고, 요리의 대부분을 담당했다. 여동생 사라는 늘씬했고 어여뻤다. 그리고 테이블 서비스를 담당했다. 프리다는 좀 엄숙한 표정을 짓고 있었고 말수가 적었다. 그러나 영어를 썩 잘했다. 프리다가 조용한 편이었지만 한국의 팝컬쳐에 관한 이야기가 나오기만 하면 그녀의 얼굴은 환히 빛났다. 그리고 한국말 상당량의 단어를 이해하고 있었다. 놀라운 것은 프리다와 힐다는 한글을 읽을 줄을 알았다는 것이다.

그들은 십대 초반부터 친한 친구가 되었는데, 그것은 그들이 모두 코리안 아이돌들과 배우들의 열렬한 팬이었기 때문에 그렇게 된 것이라고 했다. 그들이 서로 동년배의 학동들이 한국문화에 대하여 잘 모를 때, 아이돌에 관한 프라이드를 갖고 감정을 교환했기 때문이라는 것이다. 지금은 누구나 케이팝과 케이드라마를 좋아하지만, 자기들은 오리지날 팬으로서 권위와 프라이드를 지키고 있다는 것이다.

나는 코리안 웨이브가 유카탄에 이미 깊게 침투하고 있다는 이 사실에 대해 깊은 이해를 갖지 못했다. 그러나 유카탄의 작은 마을에서 온 마야인 소녀가 BTS가 무엇인지를 알고 있다는 이 사태에는 역사적 배경이 있을 수도 있다는 나의 추론은 결코 황당한 일만은 아니었다. 유카탄반도와 한국 사이에 역사적인 연관은 1905년에 1,033명의 조선의 노동자들이 유카탄의 애니깽Henequen 들판에서 일하기 위하여 도착했다는 이 사실에서부터 찾아질 수 있다. 김호선 감독이 1997년에 만든 영화『애니깽』(장미희 주연), 소설가 주요섭, 1902~1972이 쓴 장편소설『구름을 잡으려고』는 모두 이와 관련된 이야기를 다루고 있다.

스페인 정복자들의 "야만"

이 조선의 노동자들은 계약이 끝났을 때, 그들이 돌아갈 수 있는 조선이라는 나라가 존재하질 않았다. 그래서 마야의 동네사람들과 함께 여기에 정착할 수밖에 없었다. 지금도 많은 조선의 후손들이 유카탄의 마을에 살고 있다. 외모로 보기에는 대체로 멕시칸으로 보이지만, 어떤 이는 순수 한국인처럼 보이기도 한다.

코리안팝(K-팝)의 주제는 멕시코 소녀들과 나와의 우정을 가속화시키는 특별한 주제였지만, 기실 나는 그들에게 공헌할 아무런 내용을 갖고 있질 못했다. 나는 팝컬쳐에 대해 좀 무지한 편이고, 배우나 가수들의 이름을 외우지도 못한다. 그런데 내가 한국에서 왔다는 그 사실 하나만으로도 그들이 나와 가까워질 수 있는 충분한 이유가 되는 듯했다.

프리다는 나와 멀리 떨어지지 않은 곳에 살고 있었고, 그녀는 패밀리의 자동차를 몰았다. 그래서 그녀는 주말이 되면 나를 그들이 잘 가는 몰로 데려다 주곤 했다. 그들이 가는 쇼핑몰은 1980년대 영화에서는 볼 수 있는 그런 몰이었다. 그때만 해도 나는 몰랐지만, 북쪽에 보다 팬시하고 보다 신식의 화려한 몰이 있었음에도 지역의 여성들은 메리다에서 가장 오래된 그 몰을 선호하고 있었다. 나의 메리다 감각은 서서히 확대해나갔다.

첫해에는 나의 메리다 인상은 하나의 작은 식민지시대의

타운일 뿐이었다. 도시를 탐색하러 나갔다 하면 타운의 역사적 중심지로 나가곤 했기 때문이었다. 내가 이 센트로Centro를 벗어나고 싶다고 생각했을 때는 오직 이 소녀들의 힘을 빌릴 수밖에 없었다. 그들이 가는 곳은 좀 느슨하고 낡아빠진 교외의 몰이었다. 거기에는 꼭 극장이 하나 있었다.

지리적으로 말하자면 메리다의 역사적인 센터(*centro histórico*)라고 부르는 곳은 도시 한가운데 있는 작은 공간에 불과했다. 그러나 외국인 거주자들 그리고 관광객들의 대부분

【메리다의 중심 광장인 플라자 그란데】

은 센트로에서 살고 또 어슬렁거린다. 시간의 축적이 있고 식민지시대의 아름다움과 유니크한 맛이 있기 때문이다. 중심광장은 플라자 그란데Plaza Grande라고 불린다. 그곳은 나무와 벤치가 놓여있는 사방 200m 가량의 공원이다. 이 공간은 주요한 성당이나 정부청사 팔라치오 데 고비에르노Palacio de Gobierno와 같은 역사적 상징물에 의하여 둘러싸여 있다.

가장 가까운 주변의 지역에는 스페인 정복자 프란시스코 데 몬테호Francisco de Montejo, 1479~1553에 의하여 1542년에 세워진 도시가 자리잡고 있었다. 그 정복자도시는 고대 마야도시인 티호T'Hó 위에 세워졌다. 그 도시는 "다섯 개의 언덕의 도시"로 알려졌는데, 그것은 마야문명의 피라미드를 가리키는 것이다. 스페인 정복자들은 이 아름다운 마야도시를 지상에 남기지 않고 소멸시켰다. 그리고 피라미드의 돌들을 성당과 여타 건물의 건축의 소재로 썼다. 약간의 마야문명의 문자들이 중앙 성당의 벽면에 남아있다. 종교의 야만성은 고금을 관통하는 것이다.

【메리다 카테드랄cathedral】

【플라자 그란데의 남쪽】

식민지시대에는 가장 화려했던 곳. 지금은 노동자들로 붐비고 있다

3

성록盛綠의 허망함

물질적 집착을 버리게 만드는 메리다의 과격한 기후

플라자 그란데Plaza Grande라고 불리는 중심광장 북쪽으로 나열하고 있는 아름다운 식민지시대의 건물들은 매우 잘 보존되어 있다. 주요거리들은 깨끗하고 전주나 전선줄이 드러나 있질 않다.

그러나 광장 남쪽으로 가면 얘기가 달라진다. 거의 다 망가져 버린 옛 식민지시대의 건물들이 뼈대를 형성하고 있는 지역주민들의 시장이 북적대는가 하면, 땀내 나는 동네사람들과 노동자들로 붐비는 골목길, 재즈의 곡선처럼 엉켜있는 전선들, 고철하치장에나 있어야 할 것 같은, 그러나 아직도 검은 연기를 뿜어내며 잘 운행되고 있는 버스들로 가득찬 쓰레기더미의 길거리들이 무질서 속의 질서를 과시하고 있다. 까페나 레스토랑, 관광객을 위한 가게는 대부분 센트로의 북

【플라자 그란데의 북쪽】
센트로의 관광지구

쪽에 위치하고 있다.

중심지역Centro 일반의 내부에 있는 작은 단위의 공동체 구역은 작은 사각의 광장의 이름을 빌어 명시된다. 그 스퀘어의 이름은 보통 "쌍San"이나 "싼타Santa(여성)"로 시작되는데 그것은 "성자Saint"의 뜻이다. 예를 들면, 아주 어여쁜, 관광객을 끌어당기는 스퀘어가 싼타 루치아Santa Lucia라고 명명되어 있는데, 그것은 레스토랑들과 길거리 좌석들 그리고 콘서트를 위한 무대로 구성되어 있다. 그런데 그 길 건너에는 적갈색 페인트로 칠해진 작은 교회가 서있다. 그 교회의 이름이 싼타 루치아인데 그것은 16세기에 지어진 것이다.

그것으로부터 북쪽으로 5분 정도 걸어가면 싼타 아나Santa Ana라는 또 하나의 스퀘어가 나온다. 그곳에도 작은 재래시장과 교회가 있고 관광객용 레스토랑과 가게들이 둘러쳐 있다. 그리고 거기서 조금 더 가면 이 도시의 설립자, 프란시스코 데 몬테호Francisco de Montejo, 1479~1553와 그의 아들의 동상이 서있는 원형광장이 나온다. 그리고 그의 이름을 딴 큰길이 1.6km 가량 뻗어 있다. 이 동상은 매년 3월이 되면 국제여성일International Woman's Day 행진 참가자들에 의하여 낙서의 대상이 된다. 가부장정치와 침략자의 상징이 되기 때문이다.

멕시코의 장군이자 정치가인 프란시스코 칸톤 로사도의 저택.
"애니깽"의 피, 땀, 눈물과 철도로 부를 축재. 지금은 인류학 박물관

식민지시대로부터 19세기 중엽에 이르기까지 메리다는 원주민을 밖으로 내쫓기 위한 성벽도시였다. 스페인 혈통과 여타 유럽의 후손주민을 마야사람들의 반란으로부터 보호하기 위하여 만든 성벽도시였던 것이다.

19세기 후반에는 애니깽henequen 산업(이 지역의 용설란의 섬유로 만든 밧줄은 해상·산업용으로 최상의 국제상품이었다)이 유카탄에 엄청난 부를 가져다 주었다. "녹색의 금덩어리green gold"라고 불릴 정도였다. 이 황금기에 화려하고 장중한 몬테호 거리Paseo de Montejo도 건축되었다. 원래의 도시성벽은 도시 싸이즈를 넓히기 위해 철거되었다. 성문만 몇 개 남아있다. 이 거리의 양쪽 가로수 위로 불쑥 솟아있는 무게 있는 저택의 위용은 과거 애니깽부富의 높은 수준을 과시하고 있다.

그러나 근대로 오면서 부유한 사람들이 센트로 지역을 빠져나가 근대적 저택으로 구성된 새 동네를 지었고, 건물들은 북쪽으로 확장되었다. 메리다의 역사적 센터는 최근세에 들어 거의 버려졌고, 단지 가난한 사람들의 주거지로만 남게 되었다.

지금 어여쁘게 보이는 싼타 루치아 광장도 1990년대에만

【센트로 남부의 평범한 주택가】
빨간 색칠한 건물 위에 쓴 글씨는 이곳이 치과 클리닉 임을 말해준다

해도 그것은 부서져 내리는 식민지시대의 낡은 건물로 둘러싸인 빈 4각공간에 불과했다. 1990년대말부터 미국인들, 그리고 여타 외국인들이 식민지시대의 건물을 말도 안되는 싼값에 사들여서 부유한 식민지시대의 장엄한 모습을 연상케 하는 앤티크 스타일로 리모델링을 한 결과물이다. 센트로 지역의 식민지시대의 집들을 기본적으로 놀라웁게 높은 대들보 천정을 가진 사각회랑의 단층구조물이며, 집들을 간격 없이 다닥다닥 붙여 지었기 때문에, 길거리에서 보면 단지 사각회랑의 전면만 보인다. 앞에서 보면 매우 평면적인 단순한 집처럼 오해할 수가 있다.

【1690년대 지어진 성벽도시의 성문】
과거에는 이 문에서 검문을 거쳐야 도시 진입이 가능했다

이 건물들의 진짜 가치는 그 4각회랑 속에 들어있는 코트야드와 정원, 그리고 후원의 근대식 증축에 있다. 이것들은 사람이 들어와서 보지 않으면, 대문에 들어서면서부터 어떤 판타지 공간이 펼쳐질지는 상상할 수 없다.

나를 멕시코와 연결시켜준 친구 에리카

자국에서는 엄청난 돈이 들 그러한 자산을 멕시코에서 창조해내는 부유한 외국인들의 세계와 내가 연결된 인연은 에리카 하르쉬Erika Harrsch라는, 내가 맨해튼에서 사귄 아티스트 친구였다. 그녀는 멕시코시티에서 자라났다. 에리카와 나는 2009년 폴란드 예술비엔날레에 같이 출품을 했기 때문에 매우 친한 친구가 되었다. 수년 동안 그녀는 나에게 자기 나라를 한번 방문해달라고 졸랐다. 에리카는 멕시코사람들이 태생적으로 한국인과 닮았다고 하면서, 오기만 하면 멕시코가 집으로 느껴질 것이라고 말했다. 나는 처음에는 그 말을 믿지 않았다. 에리카는 자기가 서울의 한 박물관 쇼에 초대작가로 출품했을 때의 상황을 자세히 설명하면서, 그 쇼를 조직한 사람들과 만나면서 자기가 멕시코시티에 있다는 신비로운 느낌을 갖게 되었다는 이야기를 했다. 그녀의 정情과 성실함이 넘치는 매우 사교적인 성격, 그리고 그녀의 모든 정형을

파세오 몬테호 거리에 있는 프랑스풍의 고전적 맨션.
카마라 패밀리를 위하여 1911년에 지어졌다

깨는 피지칼한 모습, 자연스럽게 붉은 황토색 곱슬머리에 하
이얀 피부색을 지닌 그 인간의 모습이 멕시코에 대하여 좀 깊
게 알아야겠다는 호기심을 불러일으켰다. 그녀가 신나게 지
껄이는 이야기들이나, 멕시코 정통의 가정요리의 맛의 심오
함에 관한 것은 차치하고서라도, 아마도 내가 멕시코로 이사
가게 된 결단의 동기를 부여한 첫 캐릭터는 에리카였을 것이
다. 에리카는 나에게 로칼 엘리트인 그녀의 친구들, 예술가
들, 어마어마한 저택을 소유한 창조적인 외국인들을 계속 소
개했다. 에리카는 메리다에 살고 있는 30명의 친구들에게 그
룹 이메일을 통해 나를 자기의 여동생이라고 소개했다. 그리
고 그들에게 나와 친구할 것을 호소했다. 나는 미국에 오래
살았어도 이런 식의 우정관계를 미국친구에게서 느껴본 적
이 없다. 하여튼 에리카의 제스츄어는 멕시코사람과 한국사
람 사이에는 인간관계에 있어서 특별한 정감의 커넥션이 있
다는 것을 과시했다.

보헤미안 스타일 예술가를 품은 센트로

내가 만난 센트로에 집을 소유한 외국인들은 대부분이
5·60대의 미국인이었다. 이 연령대에 있는 타국의 사람은
극소수의 불란서인, 이탈리아인, 독일인이 있었다. 에리카의

소개 덕분에, 나는 곧 이들의 점심파티에 초대되었다. 파티장소는 대체로 잘 다듬어진 가든에 그림같이 멋있는 수영장이 있는 곳이었다. 그들이 즐겨 이야기하는 토픽이란, 집의 구조나 집의 데코레이션에 관한 것들이었다. 데코레이션이란 토착인 고물상을 통하여 구매한 마야 유적이나 고전적 냄새를 풍기는 앤티크 가구 같은 것이었다. 그리고 때로 한다는 말은 토착민 노동자들에 대한 불평을 털어놓는 것이었다.

모든 집들이 이런 수영장을 가지고 있다

메리다의 부촌 저택 내부. 높은 층고가 인상적이다. 멕시코계 미국인 디자이너,
호수에 라모스 에스피노사가 리노베이트한 인테리어.　사진 = Josue Ramos Espinosa

 미루의 마야문명 탐험

나를 초대한 모든 사람들이 그들의 자산을 유지하기 위하여, 한 명의 정원사와 한 명의 마야혈통의 청소담당 하녀를 반드시 거느리고 있었다.

내가 만나는 또 하나의 그룹은 메리다의 타 지역에서 이사 온 멕시코인들이나 토착민 부자들이었는데 이들은 내가 거의 가보지 않은 북부의 현대적 분위기 속에서 어마어마한 고급저택을 소유한 사람들이었다. 이들의 세계는 식민지풍의 센트로와는 전혀 다른 세계였다. 북부에는 모던한 건물들만 있다. 고층의 건축물, 복수차선의 큰길들, 가로지르는 고가도로들, 거대한 쇼핑몰들, 자동차를 몰고 들어가는 패스트푸드 매점들, 코스트코Costco, 쌤스 클럽Sam's Club, 홈 데포 Home Depot와 같은 대규모의 아메리칸 스토어들 등등.

부유한 멕시코사람들은 단독주택이 아니라 성벽과 대문으로 막힌 커뮤니티의 일원으로서 집을 마련하기를 선호한다. 거대 지역이 성으로 둘러싸여 있고 그곳에는 운행허가증 없이는 들어갈 수 없는 씨큐리티 게이트만 출입구로 되어 있다. 그들은 가난한 일반 백성들과 섞여 사는 것을 두려워하고 있는 것이다. 그들이 고용하는 지역민들, 운전수, 메이드, 정원사 같은 이들은 단지 공휴일과 특별한 날을 제외하고는 집에 갈 수가 없다. 이들은 저택에서 같이 살아야 한다. 그러기 때문에 새로 지은 저택의 한 구석에는 싸구려로 피니쉬한 작은 방이 있거나 후원에 독립된 작은 아파트먼트가 있게 마련이다.

부자들과 어울리는 것은 때로는 엔죠이할 만하다. 특별히 영양이 좀 딸릴 때 그들 파티가 제공하는 양질의 공짜음식을 먹을 때는. 그러나 정상적일 때 그들과 어울리고 싶은 생각은 나지 않는다. 나는 그들과는 다른 사회적 장면을 탐색해야 했다. 나이 들고 고상한, 집소유자들과는 완벽한 대비를 이루는 20대의 젊은 멕시코 음악가들, 그리고 화가들과 나는 교분을 쌓기 시작하였다.

나를 보헤미안 스타일의 파티에 초대한 최초의 멕시코인은 아주 유능한 곤잘로Gonzalo라 이름하는 아코디언 연주가였다. 곤잘로는 항상 머스태쉬를 세우고 벙거지모자를 쓰고 집시재즈를 연주한다. 나는 곧 그의 친구가 되어, 언더그라운드음악 이벤트를 탐색하기 시작했다. 그의 동료들이 여는 고색창연한 센트로의 집파티는 항상 사람들이 넘쳐났고, 에어콘이 없었기 때문에 땀냄새로 범벅이었다. 그러나 이러한 분위기 때문에 멕시코의 젊은 화가들, 음악가들을 깊게 사귈 수

아코디언 연주가 곤잘로와 그의 밴드

있었다. 이들의 상당수는 메리다의 일류 예술전문학교에서 공부를 하고 있었다. 이 학교는 플라자 그란데의 동쪽에 있는 센트로의 상징이라 할 수 있는 구 기차역 역건물 속에 위치하고 있었다.

이 젊은 인디 그룹들에게는, 부모로부터 독립해서 독자적인 삶을 추구하려고만 한다면, 센트로는 이상적인 거주지였다. 센트로에는 아직도 리노베이션을 거치지 않은 헐어빠진 콜로니얼 저택들이 방치되어 있었고, 또 거대한 창고들을, 매우 저렴한 집세만 내면, 활용할 수 있었다. 이들이 사는 공간은 허름하기 그지없고 한없이 누추했지만, 거대한 작품을 만들

센트로 지역에 싸게 나온 매물

기에 필요한 자유로운 공간을 제공하는 위대한 스튜디오였다. 그리고 디제이 파티를 열기에는 더없는 장소였다. 도심에 사는 예술가들이 그리워하는 꿈의 세계였다.

그러나 2018년부터 센트로는 불행한 변화의 조짐을 보이기 시작했다. 그 지역의 빌딩소유자들은 그들이 방치해왔던 구조물들이 외국인을 상대로 팔면 로칼한 가격의 몇 배나 높은 가격에 팔 수 있다는 것을 이해하기 시작한 것이다. 집세는 엄청 오르기 시작했다. 많은 젊은이들이 쫓겨나기 시작했다. 2020년 봄에 시작한 전세계적 유행병 코로나로 인해 생긴 제약 이전에 이미 이들은 밀려나고 있었다.

환경은 공간 감각을 바꿔놓는다

메리다에서 1·2년을 살고나서 나의 공간감각은 매우 많이 변했다. 내가 익숙한 환경이 그 나름대로 이유가 있는 것이라는 것을 나는 의식하지 못했다. 예를 들면, 집집마다 엄청 넓은 평평한 옥상이 있는데 아무도 그것을 활용할 생각을 하지 않는 것이다. 뉴욕이나 서울에서 살다 온 나로서는 사람들이 왜 그렇게 훌륭한 삶의 공간을 사용하지 않고 방치하는지를 이해할 수 없었다. 그것은 비좁은 집공간을 생각하면 훌륭한 아웃도어 사교공간이 될 수도 있고, 또 멋있는 가든으로 만들 수도 있다. 그러나 멕시코에서는 사람들이 이미 실내에 큰 공간이 많고, 그늘을 만들어주는 정원이 이미 마련되어 있기 때문에, 옥상에다가 기둥을 세우고 지붕을 올려, 정자를 건축하는 데 돈을 낭비할 생각을 하지 않는다. 유카탄의 이글거리는 태양 아래 온도를 내려주리라는 생각을 할 수도 있지만 웬만큼 강력한 구조물이 아니면 옥상의 정자는 허리케인이 순식간에 날려버린다. 방치되어 있는 이유를 깨달은 것이다.

내가 생활인으로서 공간감각에 변화를 일으킨 것은 천정의 높이에 관한 것이다. 여기서는 3m 높이의 천정을 낮다고 생각한다. 천정은 최소한 5m, 아니 그 이상이 되어야 한다고 생각한다. 처음에 나는 한 사람으로서 생활하기에 불필요하게 넓은 공간 속에 던져져 생활좌표를 잃은 듯했다.

처음에 왔던 가르시아 히네레스의 작은 렌탈 하우스에서도 밤중에 나의 삶을 연결하는 물건들에 손이 닿으려면 너무도 막막漠漠하다는 느낌을 감출 수 없었다. 한 컵의 물을 먹기 위해서 나는 긴 여행을 해야만 했다. 더듬거리며 여러 개의 방불스위치를 찾아야 했고, 3개의 다른 공간을 걸어 지나가야 했다. 몇 발자국이면 모든 것이 손에 들어오던 맨해튼의 아파트와는 너무 대조적이었다.

유카탄의 천연환경은 나에게 이런 감수성에 혁명적 변화를 일으켰다. 가장 큰 쉬프트의 하나가 물질적인 것에 대한 집착의 허망함을 깨닫는 동시에 살아있는 것들에 대한 사랑이 깊어졌다는 것이다. 메리다의 극단적 온도변화로 생기는 풍경을 요약하면, 4월에서 7월에 이르는 기간 동안에 극악한 히트 웨이브가 어김없이 발생한다는 것이다. 실제로 온도가 섭씨 43°에 이르는데 실제 체감온도는 섭씨 51°까지 올라간다. 태양광선이 너무도 강렬하고 수분을 다 앗아가기 때문에 이 지역에 고유한 토종식물 몇 종을 빼놓고는 모든 식물을 다 죽여버린다. 이런 환경 속에서 왜 옥상이 방치되는지, 왜 지붕이 높아야만 하는지를 이해할 수 있게 된다.

곰팡이와 싸우며 우리나라를 그리워하다

우리가 보통 열대라 하면 성록盛綠의 파라다이스를 상상하지만, 실제로 이곳의 5월은 결코 푸르지 않다. 도시 밖의 대부분의 광야는 푸른 것이 아니라, 회색과 갈색이 뒤섞인 마른 가지들의 앙상한 광경으로 도배질되어 있다. 그 가운데 여기저기 피어나는 녹색의 무늬가 가련하게 보일 뿐이다. 그러나

6월이 되면 비가 내리기 시작하고, 7월이 되면 억수같이 퍼붓는 폭우로 증폭된다. 10월까지 이런 폭우가 계속되면 정글은 다시 녹색의 잎으로 무성하게 된다. 그러나 그렇게 순조롭게만 진행되는 것이 아니다. 성록의 계절이 되면 반드시 허리케인이 찾아온다. 허리케인은 거대한 나무조차 쓰러뜨릴 수 있다. 자주 찾아오는 정전현상도 이해할 수 있게 된다. 쓰러지는 나무들이 전깃줄을 망가뜨릴 수도 있고, 전봇대를 거꾸러뜨릴 수 있다.

매일 쏟아지는 비는 온도를 30° 중반으로 떨어뜨릴 수 있지만, 그때는 또 많은 집들이 새거나 물로 넘치게 된다. 지난 계절의 가혹한 태양광선이 지붕의 마감작업을 다 망가뜨렸고, 콘크리트에 크랙을 만들어놓았기 때문이다.

길거리는 적절한 배수체계를 갖추고 있지 않다. 그러기 때문에 집앞에 주차해 놓은 자동차들이 물에 잠겨 있을 수가 있다. 그대가 집밖을 빠져나가 걸을 수 있는 행운을 얻었다 해도 그대는 결코 한 블록을 넘어갈 수는 없을 것이다. 또한 그대의 가든에 있는 식물들도 물에 잠겨 죽어버릴 것이다. 그 무서운 태양열을 견디어 냈는데 허망하게 물에 빠져 죽는 것이다. 그러고 나면 생활하기에 쾌적한 관광씨즌이 찾아온다.

【우기를 만난 메리다의 길거리 상황】

극한의 기후는 오히려 인간에게 물질에 대한 집착을 내려놓는 힘을 길러준다

11월부터 2월에 해당된다. 그러나 그대가 모든 난관을 극복한 최상의 아름다운 시기를 맞이했다고 좋아할지는 모르겠지만, 이 시기의 주인은 인간이 아니라 곰팡이다.

당신의 집안에 있는 모든 소유물들은 곰팡이의 발호에 시달리게 된다. 소유물뿐 아니라, 집 자체도 곰팡이의 지배에 복속된다. 집의 벽면, 모든 옷장들이나 장농, 가구들이 모두 곰팡이의 제물이 된다. 가장 타격이 심한 것은 당신이 소유하고 있는 비싼 가죽제품들이다. 명품 핸드백, 멋있는 가죽구두는 제일 먼저 내버려야 할 물건들이다. 모든 천들, 그리고 플라스틱조차도 몇 년이 지나면 매직과도 같이 다 떨어져 나간다.

곰팡이 대감님께서는 겨울시기의 15°~30℃의 선선한 온도와, 우기를 통하여 축적된 밀집된 습도의 결합을 매우 사랑하신다. 이곳에 사는 몇 년 동안에 나의 옷장은 비싼 비단, 리넨으로 만든 디자이너 옷들, 그리고 가죽 악세사리, 하이힐즈는 다 사라지고, 코튼으로 만든 티셔츠, 헐렁헐렁한 몸빼스타일의 바지, 5불짜리 고무 슬리퍼로 다 채워졌다.

한국사람들은 조국의 강산이 왜 "삼천리금수강산"이라고 불리는지를 알아야 할 것이다. 옷을 걸어놓아도 몇백 년을 그대로 지탱할 수 있는 나라, 변변치 못한 목조건물도 긴 세월 용마루의 장중함을 지킬 수 있는 나라, 서책도 적당히 거풍하면 상당기간을 유지할 수 있는 나라, 그래서 역사와 문화가 면면이 이어지는 나라, 심미적 안목을 가지고 섬세하게 풍속을 지킬 수 있는 나라, 그 나라를 우리는 사랑해야 할 것이다.

버릴 수 있는 용기

어느 순간에 나는 나에게 소용이 되지 않는 물건들을 버리는 것, 모든 집착에서 벗어나는 것이야말로 여기서 사는 지혜라는 것을 깨닫게 되었다. 남들이 보면 너무도 아깝다고 생각할 물건들 몇 통을 과감하게 내버렸다. 그러자 그 대신 살아있는 것들에 대한 나의 사랑이 더욱 깊어졌다. 자급자족의 생명체들, 대자연에서 살고 있는 식물들, 동물들, 그리고 후원에서, 길거리에서, 공원에서 살고 있는 모든 것, 그들의 탄력성과 모션의 아름다움에 대해 새로운 견식이 생겨났다.

유카탄의 과격한 기후변화, 그리고 유카탄의 써리얼한 랜드스케이프는 나로 하여금 개개의 식물, 새들, 곤충, 그리고 다양한 생명의 형상들에 관하여 보다 깊은 관찰을 할 수 있게 만들었다.

유카탄반도 북쪽 끝에 위치한 리오 라가르토스에서 볼 수 있는 플라밍고 무리

사진＝Adam Baker at Wikimedia Commons

4

야생과 문명

이구아나와도 공존하는 공간, 모기 알레르기도 토속음식으로 치유

메리다라는 도시 안에서 만나는 동물군이나 식물군, 멀리 갈 필요도 없이 바로 내 집 뒷마당의 동식물군의 양태는, 뉴욕이나 서울과 같은 대도시에서 사는 사람에게는 믿기 어려운 그 무엇이다. 내가 뒷마당에서 만나는 것들은 대체로 새들이다. 아메리카산 허밍버드, 딱따구리, 사냥매, 검은 대머리수리, 올빼미, 앵무새, 미국산 흉내지빠귀, 그 외로도 다양한 종류의 작은 새들, 그리고 어디에서나 볼 수 있는 비둘기들, 그리고 북미산 찌르레기류의 새가 있다.

찌르레기류의 그래클은 아주 영리한 작은 새인데 보통 다른 도시에서는 까마귀처럼 여겨지는 작은 까만 새이다. 여기 까마귀는 싸이즈가 좀 더 작고, 길거리 나무를 점령할 때에는 막강한 갱단을 형성하며, 매우 시끄럽다. 이 많은 새들과 더불어 도시에서 같이 산다는 것을 생각해보면 좀 써리얼하다는 느낌이 든다. 이 중에서도 검은 대머리 수리는 역사적 구도시 중심에 많이 몰려있다. 검은 대머리 수리는 몸무게가 3kg이나 나가며 날개를 펴면 1.7m의 너비가 되는데 이 놈들이 나의 정원에 와서 앉을 때는 개도 공포감에 결사적 넌스톱으로 짖어댄다.

또 하나의 희귀한 방문객은 야생의 오리 종자인데, 이놈들은 한번 와서 내 집에 근거지를 취하면 보통 1년은 나와 같이 산다. 이 "머스커비"오리라고 불리는 종자는 온몸이 까만 깃털로 덮히어 있으며, 흰 털 무늬가 목덜미와 등허리 쪽에 자리잡고 있다. 그리고 눈 주변과 부리 위로 특색 있는 빠알간 혹 같은 것이 나있어, 이 종자의 브랜드 역할을 한다. 메리다에 거주하는 종자들은 기본적으로 야생생활에 익숙해 있어 물 있는 공원에는 항상 야생의 머스커비 오리가 살고 있다. 최초에 이 머스커비 오리가 내 정원에 정착한 것도 매의 먹이사냥에 쫓겨서 온 것이다. 사실 머스커비는 얼마든지 자유롭게 날아갈 수 있었지만, 내가 먹이와 안전을 보장해주자, 내 집 정원을 자신의 보금자리로 만들어 버렸다. 메리다에 사는 사람들 얘기를 들어보면, 이상한 새들이 여기 주민들의 삶 속에 들어와 사는 사례가 적지 않다. 나는 어떻게 하다 보니

머스커비 오리. 내가 부르는 이름은 "후원의 덕키"

메리다에서 야생의 오리와 같이 지내게 되었다.

내 집 후원에 흔히 보이는 포유류는 오포쏨opossums, 우리 말로는 주머니쥐목Didelphimorphia의 유대류를 총칭하는 말로 쓰인다. 이 오포쏨은 캥거루처럼 주머니가 있는 야행성의 유대류有袋類의 동물인데, 겉으로 보기에는 거대한 쥐처럼 보인다. 작은 고양이 만한 싸이즈인데 설치류의 쥐처럼 동작이 빠르지 못하다. 그래서 죽은 체 함으로써 자기를 보호하기도 하고, 그러한 보호과정에서 시체의 썩은 냄새를 풍기기도 한다. 이 오포쏨은 덩치는 크지만 아주 전형적인 비공격적 동물이며, 광견병이나 공수병을 일으키는 바이러스를 전달하지도 않는다. 물론 주변을 빠르게 배회하는 작은 쥐들은 여기도 많다. 내가 처음에 나무에 많은 쥐가 있는 것을 보았을 때는 그것이 나무에서 사는 이색적인 설치류 그룹인 줄 알았다. 알고 보니 그것은 보통 도시의 쥐였다. 생쥐들이 많은 지역은 야생의 도둑고양이에 의하여 그 증식이 콘트롤된다.

박쥐·이구아나를 관찰할 수 있는 집

또 하나의 재미있는 야생 포유류는 박쥐다. 이 지역에는 밤하늘을 날아다니며 나무에 달린 과실을 먹거나, 곤충을 잡아먹는 박쥐가 많다. 그리고 이 박쥐들은 수분매개나 씨앗을 퍼뜨리는 데 결정적으로 중요한 역할을 한다. 나는 과일 먹는 박쥐가 먹고 난 과일의 씨를 내 집 후원에 떨어뜨려서 생겨나는 과실수 묘목을 많이 관찰할 수 있다.

아마도 이 지역의 후원에 나타나는 가장 흔한, 그리고 가장 덩치가 큰 야생동물이라면 우리는 검은 띠가 있는 척추 쪽으로 가시가 돋힌, 긴 꼬리의 이구아나를 얘기하지 않을 수 없을 것이다. 이 블랙 이구아나는 이 지역의 토종이다. 매우 정교한 모습을 하고 있다. 야행성의 동물과는 달리, 이 커다란 파충류는 햇빛이 빛나는 시점에 기어나와서 벽의 꼭대기나 평평한 지붕에 드러누워 일광욕하기를 즐겨 한다. 정원의 숲 속에서는 아무래도 개나 사람들에게 잡힐 수 있기 때문에 그곳이 더 안전하다고 느끼는 것이다.

이구아나는 총 길이가 1.3m나 그 이상 도달할 때까지 성장한다. 그리고 파충류 중에서 단거리 질주능력이 가장 탁월하다. 고양이가 달려가는 속도 이상을 낼 수 있다. 놀라서 정원을 건너 담장 위로 달려가는 광경은 정말 볼 만하다. 우리 집 뒷마당에 도마뱀에 속하는 파충류가 무수히 많은데(※ 도마뱀은 7천 종이 된다고 한다), 나는 그 종을 다 이름할 수가 없다. 정

원 안을 돌아다니고 집안을 마음대로 들락거리는 수없는 겍
코들이 있다. 겍코는 집안에서 가장 환영받는 동물일 것이다.
겍코는 집안에 있어서는 아니 되는 곤충들을 깨끗이 잡아먹
기 때문이다. 뿐만 아니라 나의 정원에는 작은 개구리들이 많
이 살고 있다. 그러나 나는 개구리들을 해치지 않는다. 그들
또한 벌레들의 청소부이기 때문이다. 후원에는 뱀도 많았다.
그러나 지금은 도시 안의 뱀은 사람들의 무분별한 도륙으로
인하여 매우 희귀하게 되었다.

검은 이구아나. 사진은 오쉬킨토크 마야 고고학지대에서 촬영

메리다의 곤충군은 매우 광대하고 복잡한 주제이다. 그러나 그것을 간결하게 요약하자면 다음과 같다. 선악의 이분법을 적용해볼 수 있다. 제1의 종류는 우리의 삶을 괴롭게 만드는 많은 숫자의 곤충들이 있다. 그리고 또 그 놈들을 잡아먹는 곤충들이 있다. 개미의 어떤 종자들은 정원과 주택을 무리지어 휩쓸고 다닌다. 이파리 갉아먹는 개미무리는 하룻밤에 거대한 나무를 벌거벗길 수도 있다. 먹고 남은 음식을 주방의 조리대 위에 놓고 방치하면, 곧 작은 종류의 개미들이 주방을 행렬로 덮어버릴 것이다.

또 하나의 골칫거리는 나무를 파먹는 흰개미에 관한 것이다. 그들은 살균·방부처리가 되지 않은 나무와 죽은 나무의 등걸에 기생하여 당신의 집의 가구나, 천정의 보나 도리에 구조적인 해를 가할 수 있다. 이것이 메리다에 목조건물이 존재하지 않는 결정적인 이유가 되는 것이다.

진짜 골치아픈 것은 모기의 횡포에 관한 것이다. 폭우가 쏟아지고 나면 그들은 엄청난 숫자로 불어난다. 그들이 전염시키는 뎅기열(관절통·근육통을 일으키는 열대성 전염병)이나 지카 zika바이러스(뎅기열보다 증후가 약하다. 2016년 1월 CDC는 여행지침 속에 이 바이러스에 대한 경고를 발표했다)는 특별한 약이 없고 고통스럽다. 모기는 페트나 가축에게 사상충(척추동물의 우심실 및 폐동맥에 기생하는 선충線蟲), 그리고 계두鷄痘라 하는 닭병을 옮긴다.

전갈을 죽이지 않는 이유

내가 메리다에 처음 도착했을 때 진실로 모기는 나의 삶을 망가뜨리는 고통의 제1의 원천이었다. 나는 모기물림에 특별한 알러지가 있었다. 모기에게 물리기만 하면 타인과는 달리 심하게 부풀어 올랐고, 가려움이 심하였고 그 후유증이 1주 이상을 갔다. 아무리 고단위의 모기퇴치약을 활용하여도 모기물림은 필연必然이었다. 나는 케미칼 퇴치약 그 자체에 나쁜 반응이 있었기 때문에 순 자연성질의 퇴치약을 썼다. 나의 괴로움은 해소될 길이 없었다. 우선 나는 토착민들이 모기물림을 대수롭게 생각하지 않는것을 이해할 수 없었다. 나의 고통을 듣는 사람마다 나에게 균일하게 건네는 말이 있었다:

"코치니타cochinita(돼지고기와 이곳 향신료로 조리한 토속음식)를 많이 먹는 수밖에 없지. 코치니타를 많이 먹으면 네 몸이 모기에 대한 면역력이 생긴다구."

　나는 처음에는 나의 몸이 모기물림에 익숙해지리라는 것을 믿지 않았다. 나는 이미 이곳에 온 지 3년의 시간 동안 모기라는 신을 모시고 인종의 세월을 보내지 않았는가? 지금 새삼 기적이 있어날까? 마술처럼, 돼지고기요법을 한 지 1년 만에 나는 모기를 느끼지 않게 되었다. 나의 몸의 케미스트리가 확실히 변한 것이다. 나의 몸은 모기에 물린다고 부어 오르거나 지겨웁게 가렵거나 하지 않는다. 지금도 그들은 내 몸을 문다. 그러나 내 몸은 그들에게 강한 반응을 일으키지 않는 것이다. 코치니타! 이제마의 명방名方과 같은 것이라 해야 할 것이다.

　또 하나의 고통스러운 곤충 페스트는 바퀴벌레이다. 열대기후에서 바퀴벌레는 더욱 커졌고 증식의 속도가 빨라졌다. 그대가 아무리 전쟁을 선포해도, 바퀴벌레에게는 아니 들어가는 공간이란 없다. 나는 나의 뒷정원에서 전갈이 바퀴벌레를 죽여서 먹는 것을 본 후로는, 전갈이 아무리 무섭다 해도 전갈에게 해를 가하지 않았다. 보통 하루종일 전갈은 집이라는 보금자리를 침해하지 않는다. 그들은 나무 곁에 있는 바위 밑이나 낙엽 아래에 숨어있다.

　그리고 이곳에는 매우 다양한 딱정벌레의 종자들이 있다.

어떤 것은 그 껍질이 각도에 따라 색깔이 달리 보이는 투명한 보석과도 같이 찬란하다. 귀뚜라미, 거미, 타란튤라(독거미), 지네, 잠자리, 벌, 나비, 나방이 모두 같이 사는 생물들인데 해마다 그 숫자가 줄어들고 있다. 오염 때문이다. 그러나 아직까지 우기 동안에는 나의 정원에서 신비로운 반딧불을 볼 수 있다. 그래서 나는 정원에 모기 잡는 전기충격기를 설치하지 않는다. 반딧불도 죽을 수 있기 때문이다.

내 집 후원에 사는 딱정벌레.
그 색깔이 눈부시게 찬란하다.

멕시코에 흔한 자이언트 나방

이와 같은 새로운 풍토 속에서 나는 도시 속의 야생의 생태계가 그 나름대로 꽤 재미있다고 느꼈다. 그러나 여기서 느끼는 재미는 도시 밖에 더 많은 것이 나를 기다리고 있다고 느끼게 한다. 나는 정글 속에서 야생의 삶과 고대의 유적들을 탐험하고 싶어서 못 견딜 지경이었다.

그러나 나에게는 매우 심각한 한계상황이 있었다. 나는 자동차운전에 대하여 비합리적 공포심을 가지고 있다. 내가 도시 밖을 나가본 것은 뉴욕에서 친구들이 휴가를 이용하여 나를 방문했을 때뿐이었다. 이때도 나는 드라이브를 못했기 때문에 운전사를 고용하여 메리다 주변을 구경시켜 주었다. 관광명소가 된 쎄노테, 대농장, 마야유적, 그리고 해수욕장을 보여주었다.

여러 차례, 다른 그룹의 친구들이 나를 방문하게 되자, 나는 안성맞춤의 유카탄반도 전체를 포용하는 여행일정표를 짤 수 있었다. 나는 운전사를 고용하거나, 버스를 타거나, 친구들이 모는 렌터카를 타거나 하여 재미난 곳을 방문하는 재미를 발견하기는 하였지만, 이러한 방식의 방문은 야생의 세계를 자유롭게 탐험하고자 하는 나의 갈망을 채우지는 못했다.

내 친구 아나의 치유법

나는 한국에서 자동차면허를 땄다. 자동차학원에서 2주 가량 집중훈련을 받고 가까스로 면허시험을 패스했다. 그리고는 다시 운전대를 잡지 않았다. 단 한 번, 요르단에서, 자동차라고는 보이지 않는 사막의 하이웨이를 달려야만 했다. 그런데 가슴이 계속 쿵쾅거려 기절할 것만 같았다.

그 후로 운전대를 잡는 생각만 해도 공포가 엄습했다. 대부분의 사람들이 나를 겁 없는 대담무쌍한 탐험가로 안다. 위험한 곳을 단신으로 돌진하는 모험가! 그러나 그들은 내가 운전대를 잡는 세속적인 일이 테러리스트들이 지배하는 사하라사막을 홀로 여행하는 것보다도 훨씬 더 공포스럽다고 느낀다는 것을 이해하지 못한다. 독사나 전갈이 모래 밑에 숨어 있는 아라비아사막에서 자는 일, 그리고 파리paris 지하 카타콤의 끝없는 해골의 미로를 헤매는 일, 맨해튼 서스펜션 브릿지의 꼭대기를 걷는 일, 잘못하면 떨어져 죽거나 연방경찰의 헬리콥터에 실려가는 위험천만한 일보다도 나에게는 운전대가 더 무서웠던 것이다.

메리다에서 운전대 옆에 선생을 모시고 운전교육 받는 것을 감행하였어도 결코 그 공포를 극복하지 못했다. 운전학교

맨해튼 현수교의 꼭대기에 몰래 올라가 사진을 찍었다(2009).
운전은 이러한 도시탐험보다 더 어려운 과제였다

의 차는 매뉴얼이었고, 또 하나의 브레이크와 액셀러레이터
가 선생자리에 설치되어 있었다. 선생의 명령에 따라 기어를
바꾸는 것은 많은 시간 투자를 하였음에도 편하게 이루어질
수가 없었다.

그러던 중, 매우 특별한 친구의 도움을 얻게 되었다. 이름
을 아나Ana라 했는데 LA에 거주하는 제2세대 필리피노 아메
리칸인데 나를 방문한 것이다. 아나의 유니크한 인간됨됨이
가 나의 공포의 벽을 깨는 데 결정적 도움을 주었다. 아무도
나의 포비아를 해결하지 못했는데…… 누구든지 내 옆에 앉
아서 나의 포비아를 같이 감내하기 힘들었을 것이다.

2019년 8월, 아나는 칸쿤국제공항에 도착했다. 나는 아나
를 직접 공항에서 만났다. 나는 코스타리카Costa Rica에서 며
칠 볼일을 본 후 아나를 만나러 칸쿤으로 갔다. 공항에서 자
동차 한 대를 렌트했는데, 아나는 천연덕스럽게 말했다: “니
가 몰아. 나는 피곤하거든.” 그래서 나는 여행전반에 걸쳐 운
전대를 잡을 수밖에 없었다.

내가 렌트회사 마당을 나와 칸쿤의 지방도로를 올라탔을
때에도 아나는 차분하게 주의사항을 일러주었다. 무엇보다

도 아나는 자신의 냉정과 침착한 판단을 유지했다. 고속도로에 올라타는 것도 나는 나 혼자로서는 상상도 못할 일이었는데, 아나는 인내심을 잃지 않았고, 높은 언성을 내지도 않았다. 인격적인 신뢰를 잃지 않고 상대방에게 마음의 여백을 준다는 것은 나에게 엄청난 위로가 되는 것이었다. 대부분의 사람들은 옆자리에서 불안에 떨었는데 아나는 편안하게 곯아떨어지곤 했다. 칸쿤에서 우리는 제일 먼저 기다란 홀보쉬섬 the island of Holbox으로 갔다. 그곳은 유카탄반도의 북쪽 해변에 자리잡은 유명한 관광명소인데 킨타나 로오Quintana Roo주속에 들어가 있다. 킨타나 로오는 칸쿤과 멕시코의 카리비안 코스트의 전부를 포섭한다.

팅커벨은 현실이다!

홀보쉬는 1.5km의 폭으로 북해안에 42km가 뻗쳐 있는 아주 얇은 한 스트립의 섬이다. 동쪽으로 메인란드에 통하는 입구가 있다. 오염방지를 위하여 차들은 섬 안으로 들어갈 수가 없다. 우리는 차를 치킬라Chiquila의 메인란드 주차장에 파킹해야만 한다. 자동차는 주차장에서 잘 보존된다. 차를 몰지 않는다는 해방감이 정신적인 안도감을 주었다. 우리는 홀보쉬 타운의 센터지역에 있는 작은 호텔에서 하룻밤을 지낼

수 있었다. 해는 기울고 있었고 우리가 갈망하던 밤의 축제는
예정대로 열릴 것이다. 우리가 머문 날은 운좋게도 달이 없는
그믐이었다. 달이 없기 때문에 해변의 물속에서 생체발광의
환상적 빛을 볼 수가 있었다.

　택시는 골프카트처럼 생겼는데 바퀴가 크다. 우리를 타
운에서 태운 후 한 20분 동안 기다란 섬의 서쪽 끝지점에 있
는 푼타 코코Punta Coco로 데려다 주었다. 그곳에는 매우 아늑
한 만灣이 있었다. 바닷물결이 없고 낮은 물만 있었다. 참으
로 환상적인 광경이었다. 물이 흔들리면 마술과 같은 현상이
일어난다. 이 만의 물은 자극을 받으면 에테르상의 스파클이
물 속에서 번쩍인다. 내려가서 물속으로 나의 손을 휘저으니
예외 없이 번쩍이는 트윙클이 피어올랐다. 나는 내 몸 전체
를 그 속에 던져 물속에서 유영을 하였다. 내 몸 전체가 발광
하는 파티클 속에 빠져있는 것이다. 그것은 마치 피터팬 속의
팅커벨이 움직일 때마다 반짝이는 요정의 더스트를 그려내는
것과도 같다. 만화가 사실인 것이다.

　그 과학적 실체를 말하자면, 단세포의 플랑크톤의 어떤
종류가 이 눈부시는 빛의 향연을 주재한다고 한다. 그들은 열
대 혹은 아열대의 기후 속의 따스한 물을 사랑한다고 한다.

홀보쉬 공중촬영. 만灣지형에서 생화학적 발광현상을 볼 수 있다

사진=User:P199 at Wikimedia Commons

이 생물이 신체적으로 빛을 생산해서 또 그 빛을 발출한다. 자극을 받으면 화학반응이 일어나 형광빛을 내는 것이다.

다음날, 우리는 비치에서 한동안을 보내었다. 눈앞에서 펼쳐지는 수심이 낮은 청옥색의 바다는 끝없이 펼쳐졌다. 그리고는 우리는 우리 차로 되돌아갔다.

그 땅은 새의 낙원

다음의 행선지는 리오 라가르토스Rio Lagartos라는 곳이었다. 이 타운은 유카탄주의 북쪽 최극단에 있는 라군(환초로 둘러싸인 얕은 바다) 위에 자리잡고 있다. 이곳은 야생의 생물을 위한 매우 풍요로운 자연보호구로서 명성이 높다. 맹그로브나무에 서식하는 조류의 집합지로서 이름이 높다. 조류 중에서도 플라밍고(홍학紅鶴)의 서식이 유카탄의 매력이 되고 있다. 플라밍고는 유카탄의 북해안에서 서해안 사이를 이주하며 살고 있다. 리오 라가르토스는 1년 내내 가장 중요한 번식의 보금자리를 제공한다. 우리는 보트 투어를 신청하여 플라밍고의 다양한 자태를 보았다. 그리고 거대한 펠리칸, 코모란트, 이비스, 헤론, 에그레트, 플라밍고와 같은 새들을 야생의 바다에서 바라본다는 것은 쩌리얼한 광경이다. 그 많은 야생의 조류군을 동물원 밖에서 살아있는 삶의 모습 그대로 전체를 관망한다는 것은 꿈도 못 꿀 일이었다.

그리고 거기에는 플라밍고만이 분홍빛 큰 새의 전부가 아니었다. 실제로 엄청나게 큰 부리의 새로서 아름다운 분홍빛 깃털로 덮힌 진홍저어새Roseate Spoonbill라는 매우 특이하고 아름다운 새도 있었다. 메리다에서 발견할 수 없는 작은 새들도 많이 있었다. 유카탄반도는 새를 관찰하는 예술가, 문학가, 과학자들에게는 최고의 행선지였다. 555종의 새들이 있고, 리오 라가르토스에만 395종이 있다.

길고 넓적한 부리가 특징이다

사진＝Gordon Leggett at Wikimedia Commons

지명이 암시하는 바, "리오"는 강을 의미하고, "라가르토"는 도마뱀 혹은 악어를 의미한다. 실제로 물 속에 악어가 서식하고 있는 것이 눈에 띈다. 이 지역의 야생동물로서는 아메리카 표범과 사슴이 있다고들 한다. 그러나 우리는 오직 미국 너구리 한 마리만 목격했을 뿐이다. 한때, 유카탄은 표범(재규어)의 세상으로 불리었다. 표범은 고대 마야사람들에게 매우 중요한 심볼이었다.

표범＝재규어＝발람

표범을 마야사람들은 발람*Balam*이라고 불렀다. 지금도 관광명소 이름이나 비지니스 간판 이름 속에서도 발람이라는 어휘를 쉽게 발견할 수 있다. 발람은 전통적으로 신성을 지닌 권능의 상징으로서 경외의 대상이었다. 표범을 신으로서 숭배하는 마야의 토속신앙도 많았고, 또 많은 신들이 표범을 거느리면서 권세를 과시했다. 마야 고문명의 지도자들은 그들의 권위를 나타내기 위하여 표범가죽으로 만든 의상을 입거나, 표범의 두부로 머리를 장식함으로써 그들의 위세를 과시하였다.

실제로 야생의 표범을 바라보면 그러한 권세가 느껴진다. 표범은 그들의 먹이를 양 귀밑으로 이빨로 해골을 관철시켜 즉사시킨다. 그들의 아메리카대륙에서의 오썸한 권위는 호랑이가 아시아대륙에서 지니는 권위에 못지않다. 표범은 초자연계와 소통하는 권능의 상징으로서 존숭되었다. 그러나 가련하게도 그들의 왕국은 사라지고 있다. 과도한 사냥으로 표범은 멸종의 위기에 처해졌다. 그러나 최근의 환경보호대책으로 보존되었고, 지금은 유카탄반도에 2천 마리 정도가 살고 있다고 한다. 그리고 유카탄반도에 고유한 야생동물로서 사냥의 표적이 된 특이한 종種이 표범무늬 칠면조(ocellated turkeys)라는 것이다.

이 칠면조는 거대한 새인데 형언하기 어려운 찬란한 무늬와 색조를 과시한다. 온몸을 덮고 있는 깃털의 기기묘묘한 색깔과 패턴의 조합은 날개를 활짝 편 공작새보다도 더 알찬 맛이 있다. 유카탄의 브라운 작은 사슴(brown brocket or gray brocket)

표범무늬 칠면조ocellated turkeys

도 유카탄반도에만 존재하는 사슴의 종자이다.

셀 수 없는 많은 동물 종자와 곤충들이 유카탄의 토착적인 서식지가 사라지면서 개체수가 급격히 감소하고 있다. 원숭이, 킨카주kinkajous(미국너구리 비슷한 중남미산 야행성 동물), 코우아티(긴코너구리), 중남미산 개미핥기, 아르마딜로(빈치목의 야행성 포유동물), 스컹크, 다양한 야생 고양이들, 족제비, 여우, 뱀, 바다거북이, 육지거북이, 등등 긴 리스트가 이어지겠지만 이들의 보금자리가 사라지고 있는 것이다. 인간문명의 횡포는 이들의 정당한 권리를 박탈하고 있다. 최근에 이들의 서식지였던 대자연 처녀지의 상당부분이 불태워지고, 대신 인간들의 거주 아파트, 상업과 산업, 그리고 공장제 농업이 들어서고 있다.

라스 콜로라다스의 라군

메리다로 돌아가기 전에, 우리는 유카탄의 동북해안에 있는 라스 콜로라다스Las Coloradas라고 불리는 호기심을 유발하는 관광지에 들렀다. 이곳은 환한 분홍빛의 라군lagoon(대해로부터 분리되어 있는 수심이 얕은 호수)인데 스페인침공 이전부터 소금채취로 사용되었던 것이다. 이 라군의 독특한 칼라는 과도한 염분의 물속에서 잘 번식하는 독특한 미생물군에 의하여

생기는 것이다. 그런데 막상 가서 보니 실망스러웠다. 그곳의 거대한 라군은 쏘시알 미디어가 소개하는 그런 모습, 그러니까 그 라군의 물이 써리얼하게 끝없이 펼쳐지는 분홍빛 바다처럼 보이게 만든 그러한 모습은 아니었다.

청록색의 터키옥색바다에 펼쳐진 해변을 잠깐 흠상하고 아나와 나는 메리다로 향했다. 아나는 잊지 않고 내가 운전대를 잡게 해주었다. 우리가 메리다에 가깝게 왔을 때, 나는 이미 500킬로미터 이상을 달렸다는 사실을 깨달았다. 우리가 도시로 진입했을 때, 내가 그토록 많은 차들의 한가운데를 달리고 있다는 사실을 감지했다. 나는 불안해지기 시작했다. 그러나 아나는 내가 잘하고 있다고 확신을 갖게 해주었다. 이렇게 해서, 나는 3일만에 내 인생에서 가장 극복하기 어려웠던 공포를 극복했다. 이제 나의 생애의 진짜 모험이 시작되고 있는 것이다.

【유카탄의 무지개】
유카탄에서 운전하는 것은 안전한 느낌을 준다

【바야돌리드에 있는 시에나의 성 베르나르디노 수도원】

카톨릭은 멕시코에 새 문명의 수혜를 안겨줌과 동시에 마야 문명을 말살하는 결과를 낳았다

5

라구나 바칼라르
스페인 정복자와 수도사가 남긴 "배타적 폭력" 체감

아나가 메리다를 떠난 직후에 나는 자동차 하나를 내 이름으로 렌트했다. 그리고 유카탄의 지도를 펼쳐놓고 나의 애견 게르나스를 데리고 나의 첫 드라이빙 모험을 어느 곳으로 가야 할지를 궁리했다. 내 인생의 여로에 새로 등장한 용맹정진의 목적지로, 나는 유카탄반도의 반대편에 있는 한 지점을 선택했다. 벨리즈라는 나라와 접경지에 있는 킨타나 로오Quintana Roo의 한 타운, 바칼라르Bacalar라고 불리는 곳이었다.

이곳은 새로운 관광지로서 개발되는 곳으로서 아직 오염되지 않은 천연의 원시적인 터키옥색의 민물호수, 라구나 바칼라르Laguna Bacalar라는 희한한 모양의 천연지형의 호수가 있었다. 길이가 53km(서울에서 오산 정도)나 되고 폭이 가장 넓은 곳이래야 2km밖에 안되는 기다랗게 늘어진 호수였다. 이런 모양 때문에 라군lagoon이라고 불리기도 하는데, 실상 이 곳은 라군이 아니다. 라군은 바닷물에서 서식하는 산호초로 둘러싸인 것이다. 바칼라르 호수는 호수일 뿐이며 바다에 연접해 있으면서도 바다와의 커넥션이 없다. 이 거대한 호수의 물은 지하에서 솟는 지하수로써 교체되고 있는 것이다. 이 호수는 유카탄의 카르스트지형(Karst: 침식된 석회암 대지)의 유니크한 특징을 대변한다. 카르스트지형이란, 많은 샘sinkholes과 계절강우에 따라 형성되는 호수는 있어도, 큰 강이나 바칼라르와 같은 거대호수는 있을 수가 없다.

이 바칼라르 호수의 밑바닥은 하이얀 석회암 침전물로 형성되어 지극히 밝은 색상을 발산한다. 깊이의 범위가 얕은 데서 깊은 데로 너무도 수없이 다양하다. 몇 센티에서 60m의 깊이에 이르기까지 그 색상은 아주 밝은 청록색으로부터 깊은 감색에 이르기까지 찬란하게 다양하다. 그래서 이 호수는 "칠색호七色湖"(Lake of Seven Colors)라는 별명을 얻었다. 나는 바칼라르를 가보지 못했다. 많은 사람들이 그 호수야말로 멕시코 자연의 보석이라고 추천했다. 그때만 해도 그것은 관광장사꾼 시스템의 지배가 미치지 않은, 허盧가 많은 작은 타운일 뿐이었다.

바칼라르의 공중사진

사진＝pexels.com user Aero YX

2019년 8월 24일, 늑장부리다가 아주 늦게 나의 단독여행을 시작하였다. 바카라르로 가는 길에, 나는 애견과 같이 여행을 시작하였기 때문에, 우선 개가 같이 머물 수 있는 곳을 찾아야만 했다. 메리다에서 1시간 반 정도 떨어진 아킬Akil이라는 작은 마을에서 찾아낸 게스트하우스 이상의 다른 대안이 없었다. 아킬은 푸욱Puuc이라는 마야 고고학탐색지역의 가장자리에 위치한 마을이었다. "푸욱"이란 마야언어로 "언덕"이라는 뜻이다. 유카탄반도는 기본적으로 낮고 평평한 석회암평원이다. 석회암평원에서는 언덕이나 산 같은 것은 볼 수가 없다. 평원에서 솟은 것을 본다는 것은 마야인들이 쌓아 올린 피라미드형의 건조물을 바라보는 것이다. 이 독특한 모형의 돌언덕은 푸욱지역에 밀집되어 나타난다. 푸욱지역은 킨타나 로오와 캄페체Campeche, 그리고 그 이남까지 연속된다.

푸에블로의 진짜 뜻을 아시나요?

푸욱은 앞으로도 고유명사로서 자주 등장할 것이다. 그것은 이 지역 고대마야도시의 건축물의 스타일을 가리키는 말이기도 하기 때문이다. 이 옛 도시들은 대체로 기원후 700년에서 950년 사이에 그 전성기를 자랑했다. 그 중에서 가장 독특한 구도를 자랑하고 장식이 화려한 것은 고도古都 우쉬말Uxmal이다.

【우쉬말에 위치한 푸욱. 돌 건축물의 상징】

사진＝pexels.com user Aero YX

아킬은 멕시코 연방하이웨이 184번상에 있는데, 좀 큰 두 도시 오쉬쿳츠캅Oxkutzcab과 테칵쉬Tekax 사이에 위치하고 있는 작은 타운이다.

아킬에서 내가 구한 잠자리의 놀라운 점은 그것이 독립된 작은 오두막이기는 하나, 네덜란드사람의 가정집의 정원으로 통하는 게스트룸이라는 것이다. 이 네덜란드인 부부는 두 명의 자식들을 데리고 그곳에 붙박이로 살고 있었다.

내가 그 집에 도착했을 때는 이미 날이 저물고 캄캄할 때였다. 홀로 드라이빙하는 첫 경험으로 나는 큰 사고를 내었다. 집 정원 옆에 있는 벽의 아래쪽에 놓여있던 바위덩어리를 들이받은 것이다. 그래서 차의 문을 우그러뜨려 놓았다.

네덜란드 부부는 푸에블로*pueblo* 안에 꽤 넓은 토지를 소유하고 있었다. "푸에블로"라는 것은 1968년 북한에 나포된 미국의 정보수집 군함의 이름이기도 하지만, 그것의 원 뜻은 "사람들"이라는 뜻이다. 그런데 푸에블로라는 말은 유카탄에서는 주요도시 밖에 있는 읍뜬이나 마을을 가리키는 말로 쓰인다.

그들은 그들 집 후원에 마야 스타일의 카시타*casita*(하나의 작은 부속건물)를 지었다. 그들의 카시타는 과도하게 자란 잡초들과 수풀 속에 야생의 상태로 있었다. 그 숙박시설은 전통적인 토착민 마야 마을집에서 받은 영감을 구현하고 있었다. 요즈음 우리가 보는 스테이디움 모양의 하나의 방이었다. 돌과 진흙, 그리고 수직의 목재를 타이트하게 배열하였는데 어떤 것은 흙벽돌을 사용하기도 했고, 어떤 것은 사용하지 않은 것도 있다. 지붕은 예외 없이 야자나무 이파리를 엮은 초가지붕이다. 그런데 이런 초가지붕은 모던한 소재보다 훨씬 더 억수같은 비를 잘 견딘다.

푸에블로의 마야 가옥. 실제로 사람들이 살고 있다

사진＝Anagoria at Wikimedia Commons

게르나스와 함께 그 지붕 아래서 밤을 보내는 것은 광야에서 캠핑하고 있는 것 같은 기분이 든다. 풀벌레나 개구리의 울음이 메리다에서보다도 더 크게 들린다. 습하고 차가운 공기, 내부공간과 외부공간을 융합시키는 유기적 내음새가 그 공기를 포화상태로 만들 때, 나는 갑자기 전갈 같은 독충이 걱정이 되었다. 그래서 침대와 방을 구석구석 살피고 모든 것이 안전하다고 판단되었을 때 나는 어린 아기처럼 깊은 잠의 세계로 빠져들어갔다.

【치첸 잇차에 있는 전통적 마야주택】

사진＝Tobias1983 at Wikimedia Commons

다음날 아침, 나는 게르나스를 내보내 집주변을 어슬렁거리게 하고, 커피와 바칼라르여행을 위한 약간의 담소를 나누기 위해 호스트의 메인 주거지로 갔다. 그들은 이미 그곳에서 10년을 살았고, 그들의 아이들은 그곳에서 자라났다. 그 지역의 로칼한 초등학교에서 공부했다. 나는 그들의 자식들이 블론드머리에 푸른 눈동자를 지닌 정통 유럽인의 모습을 하고 있었지만, 유카탄사람들만이 쓰는 고유한 사투리조의 스페인어를 주변의 마을아이들과 나누는 것을 목격하고 약간 색다르다고 느꼈다. 사실 16세기 이래로 유럽인들이 이 지역에 이주해온 역사를 통관해볼 때 그다지 이상할 것은 없었다. 나의 호스트는 이 근방으로 가장 손쉽게 가볼 수 있는 곳으로 루타 푸욱the Ruta Puuc을 들었다. 루타 푸욱은 6개의 마야 고고학탐험의 장소를 연결하는 관광명소인데, 그 루트는 우쉬말Uxmal에서 시작하여 롤툰Loltun이라는 환상적인 벽화로 가득한 동굴에서 끝난다.

나는 그들에게 내가 지하세계의 구조물에 관심이 있다고 말하자, 그들은 칼체흐토크Calcehtok라는 또 하나의 동굴세트를 일러주었다. 이 동굴들은 반짝반짝 빛나는 수정 계열의 광물질 형성굴인데 그들이 말하는 것만으로도 나는 칼체흐토

크동굴들에 대한 매력에 푸욱 빠지게 되었다. 그곳은 메리다
에서 멀지 않은 곳으로서 나의 탐험의 기호대상이 되었다. 아
킬에서 하룻밤을 보냄으로써 나의 모험은 기억할 만한 것이
되었다. 홀로 자동차를 몰면서 세상을 알아간다는 것, 김수환
추기경님도 그것이 말년의 소원이었다는데, 나의 생애에 새
로 등장한 어드벤쳐였다.

아킬에서 바칼라르까지 4시간이 걸렸다. 나는 아킬 시내
에 값이 싼 원룸 스튜디오를 하룻밤 예약했다. 짐을 풀고 나
서 나는 호숫가로 나가보려고 했다. 그때 나는 마룻바닥을 기
어다니는 작은 생물들이 드글거리는 것을 발견했다. 나는 그
것이 무엇인가, 그 출처를 확인해보려고 했다. 놀라웁게도 그
것은 내가 데려온 개의 몸에서 기어나오는 매우 작은 진드기
무리였다.

게르나스는 참깨보다도 더 작은 진드기 애벌레를 발가락
사이부터 온 전신에 수백 마리 부화시키고 있었다. 나는 진드
기 부화시기가 되면 개들에게 화학적 처치가 필요하다는 사
실을 새까맣게 모르고 있었다. 그런 개를 데리고 유카탄을 돌
아다닌다는 것은 말도 되지 않는 처사였다. 진드기는 에르릿
히오시스ehrlichiosis와 같은 박테리아전염성의 질병을 유포시

킨다. 이 질병은 개뿐만이 아니라 사람도 전염시킨다. 사람의 백혈구를 파괴시켜, 열, 오한, 두통, 근육통, 설사, 식욕상실 등의 증세를 유발시킨다.

나는 경악 속에서 스튜디오 아파트 속에 들어앉아 개에 기생하는 진드기와 일대 전쟁을 벌이기 시작했다. 눈에 보이는 진드기를 수백 마리 죽였다. 그러나 그런 방식의 전투가 문제해결에 도움을 주지 못했다. 나는 답답함을 떨쳐버리고 개를 데리고 문밖으로 나갔다. 밖은 이미 어두웠다. 밖에서 달 아래 게르나스와 나란히 앉아 저녁을 즐겼다. 호수 곁에 조용하고 아담한 해물레스토랑을 발견했던 것이다. 저녁을 먹고 나니 진드기에게 짓눌렸던 스트레스가 치료되었다.

다음날 아침, 아파트를 체크아웃하고 나서 내가 행하여야 할 첫 일은 지역의 수의과 의원을 찾는 것이었다. 개의 피부 표면에 기생하고 있는 모든 기생충을 다 박멸하고 난 후, 나는 호수로 갈 수 있는 길을 모색하였다. 타운의 길거리에서 멀리서만 바라볼 수 있었던 그 터키청록색의 호수의 빛깔을 이제 두 눈으로 직접, 가까이 볼 수 있었다. 그 색깔은 진실로 인상파 화가의 물감에서 빛나는 그런 밝은 색이었다. 보이는 것이 모두 그림이었다. 그러나 대부분의 접근허용 포인트도

에코시스템의 이유로 개는 입장이 불가했다. 개를 데리고 들어올 수 있는 유일한 장소를 찾았다. 목재가 다 헐어빠진, 나무도크로 된 작은 피크닉 에어리어였다. 그 도크를 거쳐서 나는 물속으로 들어갈 수 있었다. 그러나 나는 물속에 들어가는 일을 감행하지 않았다. 그 밑바닥이 내가 생각하는 모래가 아니라, 아주 미세한 미끌미끌한 진흙처럼 보였기 때문이었다. 그것을 맨발로 밟고 서있는다는 것은 영 기분이 좋을 것 같지 않았다. 자동차를 혼자 몰면서 여행을 감행한 첫 모험의 여정은 매우 짧은 것이었지만, 초현실주의적인 색깔의 거대호수가 실존한다는 확인을 머리에 새겨놓았다. 그리고 나 자신에게

【라구나 데 바칼라르】

사진＝Rafael Saldaña at Wikimedia Commons

약속했다. 개를 데려오지 않고 이곳에 꼭 다시 오고 싶다고. 나는 너무 늦지 않게 이곳을 떠났다. 운전을 하고 있는 동안 어둠의 장막이 드리워지는 것을 원치 않았기 때문이었다.

캐리비안 해변으로 가다

메리다로 가는 길은 스트레이트로 6시간이 걸린다. 이런 무리한 드라이빙에 자신이 서질 않았기 때문에, 나는 그날 밤을 위하여 바야돌리드Valladolid에 게스트하우스 하나를 예약했다.

바야돌리드는 유카탄에서 두 번째로 중요한 도시라 말할 수 있다. 유카탄주의 동부에 위치하며 북부해안선에서 100km 내려온 곳에 있다. 인구는 6만밖에 되지 않지만, 이곳은 국제적으로 잘 알려진 관광명소가 되었다. 국제관광객들이 휴가를 활용해 모여드는 칸쿤공항Cancun Airport과 캐리비안해변으로부터 가장 쉽게 접근할 수 있는 도시이기 때문이다. 관광객들은 토속적인 문화를 접하고 싶어하고, 식민지시대의 고풍의 매력 때문에 이 도시를 방문한다.

그래서 역사적 유물의 센터는 심미적으로 즐거운 체험을

만끽할 수 있는 수준으로 복원되었다. 바야돌리드에 오는 것은 나로서도 처음이 아니다. 이곳은 쎄노테나 동굴, 고대유적을 탐험하기 위하여 올 수밖에 없었던 전략적 요지였기 때문에 나는 여러 번 왔었던 것이다.

카톨릭 성자에 의해 사라진 인류의 유산

바야돌리드가 유러피안들이 침략을 감행하기 이전부터 이미 이 지역의 중요한 교차역이었다는 사실은, 마야문명의 두 주요도시인 치첸 잇차Chichen Itza(마야문명의 대표적인 성전이 있다)와 코바Coba 사이에 위치하고 있다는 것으로도 입증된다. 그리고 또 그 가까이에 에크 발람Ek Balam이라는 마야문명의 성스러운 중심지도 있다. 에크 발람이라는 이름은 "까만 표범"이라는 뜻이다.

바야돌리드라는 도시의 역사는 1543년으로 거슬러 올라간다. 메리다가 스페인의 정복자인 프란시스코 데 몬테호 Francisco de Montejo, 1479~1553에 의하여 개설된 다음 해였다. 1543년에 정복자 몬테호의 19살 난 조카(조카, 아들의 이름이 모두 "프란시스코 데 몬테호"이다)가 북부해안 가까운 라군(산호초의 얕은 바다)에 정착촌을 만들었다. 그런데 1년이 지나자 정착민들은 모기에 시달려 못살겠다 하고, 습도가 높아 괴롭다고 불평을 늘어놓았다. 꼭 내가 유카탄에 처음 왔을 때 첫 1년 동안에 괴로워했던 것과 똑같은 양상이었다. 그래서 정복자는 타운을 내지內地 쪽으로 옮겼다. 그래서 현재의 위치로 오게 되었다. 원주민의 반발은 이루 말할 수 없다. 스페인사람들이 원주민을 학살해가면서 도시를 개척하는 역사는 메리다나 타 도시가 건설되어가는 슬픈 이야기와 동일한 패턴을 반복한다.

이미 존재하고 있었던 마야문명의 찬란한 도시 사키*Zací*(발음은 Sah-ki라고 한다)가 정복되었고, 파괴되었고, 피라미드와 여타 궁궐 건조물의 석재가 해체되어, 카톨릭성당과 수도원과 다른 건축물을 짓는 데 활용되었다. 잔인한 문명파괴의 역사였다. 토착민들의 반란은 너무도 당연한 항변이었다. 그러나 토착민들의 정의로운 클레임은 메리다의 정복자 두목과 그의 군대의 힘에 의하여 가차없이 진압되었다. 남미의 모든 도시의 역사는 토착민들이 흘린 피로 시작되었고, 그들의 피로 쓰여졌다.

현재 이 도시의(바야돌리드)의 시내 한복판에 커다란 개방형의 쎄노테가 있는데, 그 쎄노테의 이름을 사키*Zací*라고 명명해놓고 있다. 사키는 마야말로 "흰 매"라는 뜻이다. 바야돌리드라는 도시, 그 자체가 마야문명을 지워버리고 그 위에 건립되었다는 슬픈 역사를 이야기해주고 있는 것이다.

사흘간의 미니휴가여행의 마지막 날 아침에, 나는 그림과도 같이 아름답고 낭만적인 길을 따라 걸어 내려갔다. 그 길은 칼차다 데 로스 프라이레스Calzada de los Frailes라고 불리는데 그 뜻인즉 "탁발 수도사들의 길"이라는 뜻이다. 그 길에는 매우 환상적인 부티크와 레스토랑이 고풍의 콜로니얼 건축물 속에 박혀있다. 나는 커피 한 잔을 마시기 위해 그곳을 갔다.

그 길의 이름이 탁발 수도사들과 관련된 이유는, 그 길은 메인 스퀘어로부터 시작하여 "시에나의 성 베르나르디노 수도원"(the Convent of Saint Bernardino of Siena)으로 연결되고 있기 때문이다. 시에나의 베르나르디노Bernardino of Siena, 1380~1444라는 카톨릭신부는 15세기 전반에 이탈리아에서 활약한 프란시스칸 설교자였는데, 그는 책들과 예술품들을 성스럽지 못한 것으로 간주하여 태워버리는 설교와 활동으로 유명했고, 그 "태움"으로 인하여 1450년, 교황 니콜라스 5세에 의하여 성자로 시성되었다.

베르나르디노의 활약은 콜럼부스 이전의 사건이래서 남

미식민지개척과 직접적 연관은 없지만, 그 "태움"의 공적 인정은 유카탄반도에 불행한 영향을 끼쳤다. 마야문명을 기록한 방대한 코우덱스(제본된 식물성 종이의 책들)가 불살라졌다. 마야문명은 독특한 자신의 상형문자를 개발했고, 그 문자에 의하여 자신들의 역사와 문화를 기록했다. 하나의 거대한 인류의 성취가, 사회악을 저주하던 한 신부의 무차별한, 그리고 왜곡된 신앙 때문에 모두 불살라지는, 터무니없는 광란 속에서 사라졌던 것이다.

【유카탄의 바야돌리드에 있는 탁발 수도자들의 거리】

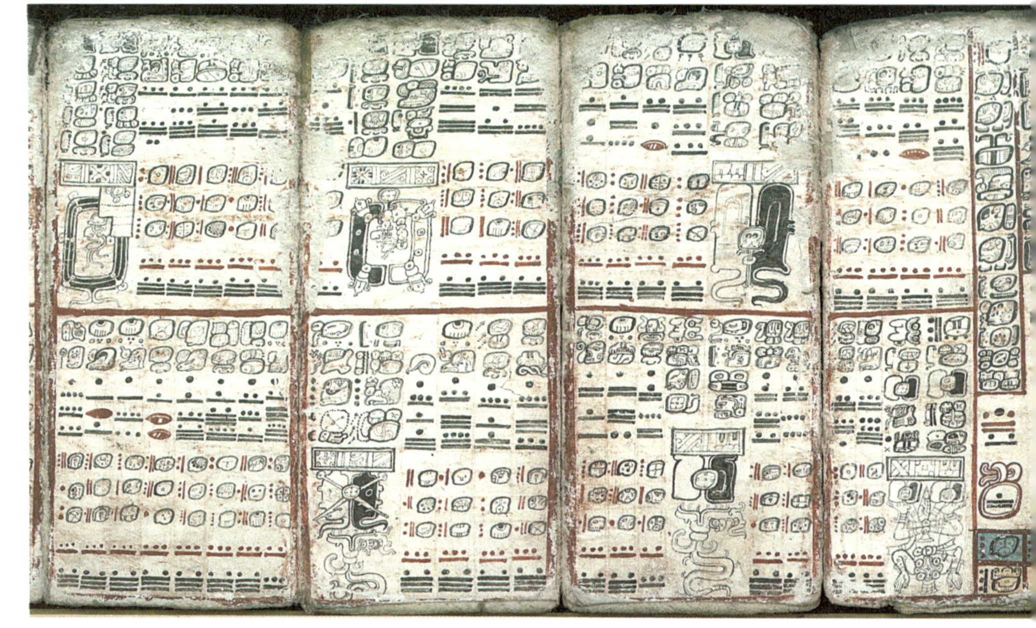

종교의 독단은 배타적 폭력

수도원 자체는 1552년에 지어진 매우 큰 건물이었다. 식민지시대로부터 살아남은, 가장 오래되었고 가장 중요한 역사의 증표로 간주되는 건물이었다. 그런데 그와 같이 거대한 수도원이 메인 스퀘어로부터 단지 1km 떨어진 곳에서 탁발승들을 수용하고 있었다는 사실이 좀 특이하게 느껴졌다. 탁발승은 겸손과 가난의 인내와 봉사와 자기부정의 미덕을 지닌 존재가 아닌가? 하여튼 유카탄에서의 탁발승들, 특히 프란시스칸종단의 수도승들은 토착민들을 카톨릭의 신도로 만드는 데 엄청난 공헌을 했다. 그들은 마야의 언어를 습득했고, 교리문답을 가르쳤고, 스페인말과 예술과 교역을 가르쳤다. 오늘날에도 프란시스칸 신부들은 엄혹한 삶의 스타일에

드레스덴 코우덱스의
아코디언 스타일로
접히는 문헌.
기적적으로 살아남은
4개의 마야 코우덱스 중의 하나.
일식과 월식 부분(pp.58~62),
홍수해설(p.78).
사진＝Wikimedia Commons

헌신하며 가난한 자를 도우며, 사회에서 이방인 취급을 받은 방외자들을 보살피는 것으로 유명하다. 하여튼 유카탄에서도 이들의 역할에 관하여 획일적인 판단을 내릴 수는 없으나, 그들의 역할이 엄청난 성공을 거둔 것은 확실하다. 내가 만난 90% 이상의 마야후손들이 자기 종교는 카톨릭이라고 자랑스럽게 대답한다. 유카탄식의 마야언어를 지금까지도 말하고 있으면서도 그들은 고대 마야의 종교나 제식에 관하여 아무것도 알지 못한다. 문명의 생멸生滅과 인간세의 희비극은 어느 하나의 가치기준에 의하여 판단을 내릴 수는 없으나, 종교의 독단은 스페인사람들에게나 마야사람들에게나 모두 배타적 폭력이었던 것 같다.

오쉬킨토크는 마야문명의 비밀을 품고 있는 공간이다.

인류는 아직도 마야인들의 수수께끼를 완전히 풀지 못했다.

6

마야, 그 미스테리
동굴과 쎄노테에서 발견한 "리얼 마야"

내가 스스로 운전하는 자동차여행을 성공적으로 끝마친 후에 나는 의기양양해졌다. 내 삶에서 처음으로 내가 가고 싶은 곳을 자의대로 갈 수 있다는 희망이 생겼다. 차를 한 대 렌트하고 타인의 도움이 없이도 미지의 세계를 탐험할 수 있게 된 것이다. 보통사람들에게 이러한 사실은 진부하게 느껴질 수도 있겠지만, 유카탄반도에 축적된 자연의 변화와 문명의 자태에 심취한 나로서는 그 사실은 거대한 약진이었다. 월평균 2천 킬로 여행에 탐험의 시간을 보냈다.

나의 초기여행은 대체적으로 쎄노테와 동굴들에 관한 것이었다. 그 중에서도 특별히 일반 관광객들에게 알려지지 않은 숨은 비경을 찾아 헤맸다. 그 과정에서 나는 인간들에 의하여 남겨진 수천 년에 걸친 역사의 유물에 관하여 체계적인 지식을 습득하지 않으면 안되었다. 그 지식 위에서 유카탄에 거주하고 있는 토착민과 교섭을 해야만 했다. 처음에는 나는 무모하게 아무런 사전의 지식이 없이 정글 한가운데로 뛰어들었다. 때로는 토착민들의 도움을 얻기도 했지만, 나의 스페인어 대화능력이 저조했기 때문에 그들과 충분한 소통을 할 수가 없었다.

그러나 사람 손을 타지 않은 지하동굴 속에서 장엄한 벽화나, 음각, 그릇, 뼈, 돌로 만든 방벽, 제물로 바쳐진 동물의 뼈를 발견하면서, 역사를 모르면, 이러한 사건들을 연결시켜 하나의 서사구조를 만든다는 것은 불가능하다는 것을 자각하기에 이르렀다.

6천 6백만 년 전에 치크슈룹Chicxulub 충돌구에 거대한 운석이 떨어짐으로써 생겨난 동굴들과 쎄노테들의 풍성한 모습을 이해할 수 있을 때만이, 마야문명이 어떠한 조건 위에서 발생할 수 있었는지를 깨닫게 된다. 그 역사는 현존하는 이곳 사회의 모습과도 연결된다. 이 동굴과 쎄노테들은 지하세계와 영적세계로 통하는 신성한 통로였을 뿐 아니라, 부활과 도피, 그리고 창조의 영험한 공간이었다. 그러나 지금은 이러한 대자연의 장엄한 의미는 사라져가고만 있다. 그것들은 단지 관광객을 유치하기 위한 엔터테인먼트 장소일 뿐이다. 끔찍하게 매일매일 오염되고만 있는 것이다. 서글프다!

마야의 역사에 관하여 진실한 관심을 불러일으킨 최초의 발화점은 칼케토크Calcehtok 동굴들이었다. 앞서 언급한 대로, 아킬Akil에서 하룻밤을 묵게 되었을 때 나에게 처소를 제공한 네덜란드 부부가 소개해준 동굴들이었다. 이 동굴들은 인구 2만 명 정도 되는 꽤 큰 도시인 마슈카누Maxcanú(발음은 mahshkahnoo) 부근에 자리잡고 있다. 마슈카누는 메리다에서 70km 떨어진 남서방향에 있다. 이곳은 푸욱 지역Puuc("언덕"의 뜻, 마야 특유의 돌건축 스타일을 가리킨다)의 북방한계점이기도 하다. 가장 중요한 사실은 이곳이야말로 오쉬킨토크Oxkintok라는 마야문명의 매우 중요한 도시가 BC 500년경에 여기서 형성되었다는 것이다.

마야문명의 허브도시, 오쉬킨토크

오쉬킨토크는 초기 고전시대(Early Classic: 300~550 AD)와 말기 고전시대(Terminal Classic: 850~1000 AD) 사이에 마야문명의 전성기문화를 대변하는 주요 센터였다. 우리나라로 치면 통일신라기(불국사·석굴암이 등장하는 시기)에 해당된다고 볼 수 있다. 마야문명은 쇠락을 거듭하며 AD 1500년경에는 폐기

【오쉬킨토크 유적지의 칼케토크 동굴】

 미루의 마야문명 탐험

된다(연산군, 중종시기).

오쉬킨토크의 고고학적 발굴지는 마슈카누로부터 남동 쪽으로 6킬로미터 떨어진 곳, 우쉬말Uxmal로부터는 북서쪽 으로 40킬로미터 떨어진 곳에 있다. 이곳은 잘 알려지지 않 아 관광객들의 발길이 드물었다. 이 지역은 코로나 바이러스 전염시기(2020~23)에는 대중에게 폐쇄되었다. 그 후에도 산불 과 보수공사로 인해 몇 년 동안 더 폐쇄된 상태로 있었다.

폐쇄가 풀린 이후에도 이 지역은 마슈카누에 새로운 기차 역이 생겼음에도 불구하고 사람들이 별로 가는 것을 선호하 지 않았다. 트렌 마야Tren Maya는 1,554킬로미터 길이의 유카 탄반도의 대간선철도이다. 유카탄반도의 주요 카리비안관광 지와 유카탄반도의 마야문명 고고학적 유적지들을 연결하기 위하여 달리는 매우 야심찬 철도선이다. 2020년 6월에 시공 되어 2025년 초에 준공한 매우 야심찬 프로젝트였는데, 시공 당초부터 말이 많았다. 고적을 너무 무지막지하게 파괴했다.

나는 철로가 놓이기 전부터 이 지역을 탐색하기 시작했 다. 오쉬킨토크가 폐쇄되었을 때도 이 지역은 황량하게 방기 된 상태였고 개방적인 펜스뿐이었기에 누구든지 걸어 들어갈 수가 있었다(※아마도 지금은 이러한 상황이 아닐 것 같다. 내 글을 보고 이 보호구역을 침범하는 사람이 없기를 바란다).

미지의 동굴로 들어가다

칼케토크 동굴들로 들어가는 입구는 오쉬킨토크로부터 뻗어있는 비포장도로의 동쪽으로 2킬로미터쯤 떨어져 있다. 이 근방에 오피첸Opichén이라고 불리는 마을이 있는데, 그 마을의 성씨가 쿠이Cuy라 하는 한 원주민 패밀리가 투어를 매니지하고 있었다. 로헬리오 쿠이Rogelio Cuy라 이름하는 그 패밀리의 씨니어 멤버, 강한 태양빛에 살결이 끄슬린 60대의 땅땅한 남자가 주차장과 동굴입구 사이를 지키고 있는 의자에 앉아서 헤드램프 수십 개의 배터리를 교환하면서 관광객으로부터 상당한 입장료를 거두고 있었다.

나는 이 장소를 직접 탐방하고, 원주민들과 대화를 나누고 난 후에야 이 동굴의 유니크한 특성을 알 수 있었다. 칼케토크의 동굴들은 유카탄반도에서 건조한 탐방노선을 갖춘 가장 긴 동굴시스템이라는 것이었다. 현재 발굴된 것만 해도 5킬로미터가 넘는데, 이런 현상은 티쿨Ticul언덕의 높은 지역이기 때문에 가능한 것이다. 이 지역은 유카탄반도의 다른 지역에 비해 지하수면이 낮은 것이다. 타 지역은 동굴들이 물에 잠겨있어 들어갈 수가 없지만, 극성스러운 다이버들은 다이빙을 통해 자유롭게 탐험한다.

그리고 우리를 호기심어리게 만든 사실은 바로 근접한 지역에 또다른 마른 동굴이 많이 있다는 것이었다. 관광객을 위하여 정비를 하지는 않았지만, 그 동굴들 속에는 스페인 침공 이전의 순수한 마야문명의 잔재가 많이 남아있다는 것이었다. 그 물건들은 수 년에 걸쳐 도난당했고, 그 일부는 이나INAH(Mexican National Institute of Anthropology and History)의 역사학자들이 가져갔다는 것이다. 그들이 가져간 것 중에는, 사슴뿔과 뼈, 규암해머quartzite hammers, 도자기, 흑요암 화살촉, 칼, 석조 조각상, 장례를 치른 인간의 잔재, 할투네스haltunes라 하는 돌조각품(종유석 꼭지에서 떨어지는 물을 받아 제식에 쓰거나 마시는 물컵으로 쓴다), 등등이 있다.

칼케토크 동굴들, 그 이름은 "사슴 모가지 돌"이라는 뜻인데, 근처에 있는 사슴 모양의 바위에서 따왔다. 그 동굴들을 탐험하는 것은 진실로 어려운 과업이었다. 동굴의 네트워크가 너무도 복잡하고 위험해서 혼자서 감행하는 것은 불가능했다. 쿠이 패밀리의 젊은이가 나와 나를 따라온 통역사인

나의 친구를 안내했다. 난이도로 분류된 세 가지 코스 중에서 나는 가장 쉬운 코스를 택했다. 동굴 네트워크에서 지극히 일부에 지나지 않는 1시간짜리 코스를 선택했지만, 실제로 복잡하고 어려운 코스를 통과하는 데는 족히 7시간이 걸릴 수도 있다.

일반관광객에게 공개하는 이런 장소에서, 보다 특수하고 복잡한 동굴탐험이라 할지라도 단지 헤드램프와 밧줄만을 제공하는 이런 방식의 운영은 미국과 같이 소송을 좋아하는 법치사회에서는 있을 수가 없다. 가장 쉬운 관광코스라 할지라도 동굴에서 나올 때는 들어갈 때 입은 옷의 모습대로 나올 수가 없다. 아주 겨우 열린 공간을 쑤시고 다녀야 하고, 미끄러지기 쉬운 비탈길을 오르락내리락해야 한다. 내가 경험한 것 중에 제일 불만이었던 것은, 수정동굴이라고 이름한 동굴에서 나는 실제로 6각형의 석영으로 뭉쳐진 찬란한 모습을 보기를 원했다. 그러나 가이드는 그냥 빛을 반사하는 종유석을 가리키며 무책임하게 크리스탈이라고 얼버무리는 것이다.

동굴을 나왔을 때, 나는 아직도 머리전등을 만지작거리고 있는 쿠이 패밀리의 연장자에게 관광객에게 열려있지 않은 동굴 중에서 우리에게 보여줄 수 있는 것이 있냐고 물었다. 가까운 곳에만 해도 동굴은 30개가 넘게 있었고 그 동굴들은 상당수가 서로 연결되어 있다고 말했다. 로헬리오는 친절하게도 나의 요청에 응해주었다.

이름없는 동굴이 하나 동쪽으로 1킬로미터 떨어진 곳에 있었다. 우리는 그곳으로 가는 도중에 흔들거리는 아주 토착적인 종자의 칠면조를 하나 만났다. 그 칠면조는 내가 상상했던 어느 것보다도 후리미끈 했고, 키가 컸다. 색상의 아름다움은 물론, 우아한 자태가 눈부셨다. 가까이서 야생의 동물을 관찰할 수 있다는 것은 길조吉兆에 속한다.

숲에 있는 비포장도로 한 곁에 차를 파킹해놓고 우리는 짙은 수풀 속 길을 한 백 미터쯤 로헬리오를 따라갔다. 그리고는 곧 드넓은 평야를 만났는데 그 가운데에 지면이 거대하게 침하한 함몰지역이 입을 벌리고 있었다. 그 함몰구 속에는 바닥으로부터 열대의 아보카도나무가 자라고 있었다. 우리는 아보카도나무의 밑둥거리를 활용하여 수 미터를 기어 내려갔다. 그리하여 함몰지구의 바닥의 한 곳에 정착하였다. 그곳에서 우리는 돌출된 거대한 기암基巖이 천정처럼 걸쳐있는 거대한 동굴을 발견하였다. 그 동굴의 바닥은 아래쪽으로

"이름 없는 동굴"의 지표면 입구

 미루의 마야문명 탐험

동굴 입구에 자라는 열매 아보카도 나무

기울어져 있었다. 우리는 그 바위 밑바닥까지 표면에서 10미터 가량 하강하였다. 처음에 얼핏 보기에는 바로 내가 내려간 곳이 동굴이라고 생각했다. 그러나 몇 분을 더 걸어 내려갔을 때, 로헬리오는 땅바닥에 있는 바위 사이로 나있는 조그만 구멍을 가리켰다. 나는 의구심이 든 채 나의 친구를 쳐다보았다. 그러나 곧 우리는 바닥의 바위 사이로 난 작은 구멍이야말로 동굴로 들어가는 입구라는 것을 깨달았다. 인디아나 존스의 한 장면과도 같았다.

동굴 속에서 행해진 저주

그 구멍은 너무도 작은 공간이었다. 과연 내가 그 구멍을 지나갈 수 있을까 의심이 될 정도로 비좁은 틈이었다. 그 통로는 오직 마야사람들을 위한 지하세계로의 길이었다. 키가 크거나 살이 찐 유러피안들에게는 도저히 적합한 오프닝이 아니었다. 그 비좁은 공간을 오징어새끼가 춤추듯이 비집고 빠져나갔을 때, 또다시 몇 개의 널찍한 동굴을 지나가야 했는데 우리는 우리가 계속 어둠 속에서 밑으로 내려가고 있다고 느꼈다. 동굴들은 매우 오묘한 미네랄 형성구조를 하고 있었다. 동굴의 가장 밑바닥에 도착했을 때 로헬리오는 바위 사이로 난 비좁은 틈으로 들어갈 수 있는, 천정이 매우 낮은 작은 방을 가리켰다. 그 속에 들어가보니 거기에는 무당이 버리고 간 스틱과 스틱에 묶여있는 빨간 리본이 놓여있었다. 로헬리오는 돌아서서 우리를 보고 엄숙하게 말했다:

"이것은 저주의 도구라오. 아직도 돈 때문에 타인을 해치는 블랙매직을 행하는 무당이 있다는 것이 참 부끄러운 일이오."

지표면에서 10m쯤 내려간 곳에 있는
메인 동굴의 비좁은 입구

이름 없는 동굴 내부의 미네랄 형성

하여튼 남을 해치는 마력을 발휘하기 위하여 이런 땅굴 속 깊게까지 내려온다는 것 자체가 매우 순진한 사람들의 행태로 느껴졌다. 로헬리오는 왜 이 장소가 그런 저주의 힘을 발휘하기에 적합한 곳인가를 한번 느껴보라고 하면서 우리 모두에게 헤드램프 등 일체의 불빛을 끌 것을 요청했다. 완벽한 어둠과 정적이 찾아왔다. 이 어둠과 정적 속에 강력한 영적 에너지가 있는 것은 확실했다.

이름 없는 동굴 내부에 있는 도기 유물

이런 물건에 대한 해석도 더 깊은 사려가 필요하다.

마야문명이 오히려 카톨릭적인 사유에 물들은 것일 수도 있다.

우리가 동굴에서 나왔을 때, 우리는 같은 함몰지구이지만 들어갔던 곳의 반대편의 구멍으로 나왔다는 것을 알았다. 로헬리오는 우리 보고 조용히 하라고 손짓하며 우리를 우리가 타고 내려갔던 아보카도나무의 뒷쪽으로 데려갔다. 나는 로헬리오가 왜 조용하라고 말했는지 생각할 겨를도 없이, 나의 친구 보고 이 불쑥 나온 바위에 매달린 진흙색깔의 둥근 공 같은 물체를 보라고 소리쳤다.

로헬리오가 조용히 하라고 한 것은 이유가 있었다. 사태는 쓰라린 경험을 당해봐야 깨닫게 된다. 순식간에 말벌이 집을 나와 직사포로 내 아래턱을 쏘았다. 내가 보고 있었던 것은 말벌의 둥지였던 것이다. 말벌은 인간의 소음에 곧잘 흥분된다. 아마도 나를 둘러싸고 있던 저주의 동굴의 흑암의 에너지가 말벌을 더욱 자극시켰을지도 모른다. 하여튼 쏘임은 지독했다. 나는 곤충의 쏘임에 알러지반응이 심하다. 하루만 지나도 얼굴 반쪽이 띵띵 부어오를 것임은 분명했다.

나는 로헬리오에게 구원을 요청했다. 마침 그는 그의 빽 속에 특효약이 있는 것처럼 말했다. 나의 철없는 행동에 대한 후회가 곧 희망으로 바뀌었다. 나는 로헬리오가 비장의 마야문명 특효약을 소장하고 있구나 하고 생각했다. 그러나

말벌집

그가 가방에서 꺼낸 것은 미국 약인데 중국의 호랑이기름 비슷한 약으로, 빅스바포럽Vicks Vaporub이라는 약이었다. 로헬리오는 내 얼굴에 그 고약을 발라주면서 아무 문제 없을 것이라고 했다. 나는 되게 실망했다. 그런데 이상하게도 다음날 아침 나의 얼굴은 부어오르지 않았다.

야생 아보카도를 들고 있는 로헬리오 쿠이

동굴에로의 여로와 로헬리오와의 만남은 나의 탐색의 지극히 작은 한 부분에 지나지 않는다. 이 여로와 만남은 지금도 계속되고 있다. 수천 개의 쎄노테와 동굴이 있고, 아직도 사람의 발길이 닿지 않은 수백 개의 동굴이나 고고학적 유적지가 유카탄반도에 있다는 사실은 나의 탐색이야말로 미완의 여정임을 말해준다.

구글 지도에도 없는 나만의 동굴을 찾다

오쉬킨토크 부근에, 내가 혼자서 발견한 또하나의 동굴

이 있었다. 그것은 오쉬킨토크의 서쪽 2킬로미터에 위치하고 있는데, 칼케토크 동굴들로부터는 한 4킬로미터 떨어진 곳이다. 그 동굴은 아크툰 우실Aktún Usil이라는 이름으로 불리운다. "아크툰 우실"은 마야언어로 "물감 불기를 체험하는 곳"(the place to see paint blowing)이라는 뜻이다.

이 이름은 스페인침공 이전의 토착민들의 다양한 동굴예술의 한 방식에 대한 직접적인 레퍼런스를 나타내고 있다. "불기"라는 것은 색소를 물과 함께 입안에 물고 있다가 손모양으로 스텐실을 만들기 위하여 벽에 염료를 뿌리는 기술을 의미한다. 이 동굴에 관해서는 나에게는 개인적인 의미가 있다. 이 동굴은 내가 칼케토크나 오쉬킨토크를 방문하기 이전에 나 혼자 스스로의 연구에 의해 발견한 첫 유적이기 때문이다. 이 싸이트는 지금 구글지도에 나타나는 것처럼, 표시되질 않았다. 단순히 하나의 동굴로서 사진이나 리뷰도 없이 마크만 되었을 뿐이다.

내가 마크된 그 장소를 찾아갔을 때는 울창한 숲만 있었고 역사를 나타내는 아무 것도 없었다. 나는 여기저기 탐색한 끝에 구글맵이 부실할 수도 있다는 것을 깨달았다. 구글맵의 표시는 일반독자들이 할 수 있기 때문이다.

나는 위성지도를 자세히 들여다보았다. 그리고 우기가 아닌 건기에 찍은 사진을 캪쳐했다. 건기사진이래야 그 땅의 실정을 더 정확히 파악할 수 있기 때문이다. 자세히 들여다보니 갈색의 대지 한가운데가 특별히 높게 솟은 나무들이 밀집하여 푸르게 되어 있는 곳이라는 사실을 찾아냈다. 이곳이야말로 동굴이 있는 곳임이 분명했다. 나는 즉각 그곳으로 차를 몰고 갔다. 과연 동굴이 있었다. 평지 한가운데 나는 차를 놓아두고 작은 길을 따라갔다. 길가에 소략한 화살표 간판만 있었다. 그 외의 표시는 아무 것도 없었다.

한 30분 하이킹한 후에 거대하고 폭이 넓은 동굴입구를 발견했다. 그것은 모든 것을 순식간에 삼킬 수 있는 전자리상어의 아가리 같았다. 게르나스 덕분에 나는 그 아가리 속으로 들어갈 엄두를 내었다. 나의 개 게르나스를 문간에 묶어두고 내려가면, 생소한 사람이 오면 짖을 것이다.

첫 동굴에 당도했을 때, 나는 진실로 로마의 거대성당에서 받는 느낌보다 훨씬 더 압도적인 경외감을 느꼈다. 동굴의 바닥에서 천정까지 20미터가 넘었다. 바닥의 직경도 거대운 동장을 집어넣은 것만 했다. 나는 평생 이렇게 큰 동굴챔버는 본 적이 없었다. 나는 그때 전등을 대신하는 셀폰 하나와 고

아크툰 우실 동굴입구

아크툰 우실의 동굴 내부

무슬리퍼밖에는 없었다. 부실한 장비에도 불구하고 나는 더 깊게 내려갔다. 그러나 세 구멍이 난 또하나의 큰 챔버에서 일정을 마무리했다. 돔을 형성한 천정은 한 구멍 사이로 나무뿌리를 척척 흘려내리고 있었다. 나는 그곳에서 깨진 세라믹 용기들과 신비한 돌조각들을 발견했다. 어둠이 깔리고 있었다. 게르나스를 픽업하여 내 차로 복귀했다. 반드시 다시 올 것을 약속하면서!

저 높은 곳에 새겨진 알 수 없는 의미들

그 동일한 동굴을 나는 다섯 번 이상 갔다. 보다 철저한 준비와 라이팅시스템을 갖추고 갔을 때 나는 첫 챔버의 천정에서 상상도 못할 충격적인 인류의 자취를 만났다. 천정이 너무 높았기 때문에 강렬한 전등빛으로도 그 모습을 파악할 수 없었다. 그러나 한번 그 모습의 카테고리가 의식에 안착되는 순간, 나는 그것을 아니 볼 수가 없다.

기괴한 심볼과 모양들이 빠알간 염료로 그려져 있는데, 그 형상이 너무도 크기 때문에 20미터 거리에서도 명료하게 인식할 수 있었다. 가장 먼저 눈에 띄는 것은 둥글둥글하게 굴린 장방형기호들과 점들, 마야 코우덱스에서 보이는 상형

아크툰 우실의 제2 챔버 천장의 구멍

문자와 숫자를 연상케 하지만, 아직 그 의미는 아무도 모른다. 아무런 사전지식이 없이 나는 붉은 페인팅을 바라볼 수밖에 없었다. 어떻게, 왜 그 높은 천정꼭대기에 그런 그림을 그렸을까? 신비로운 수수께끼에 대한 경외감만이 나의 경탄을 끊임없이 자아낼 뿐이었다.

아크툰 우실 내부의
스페인침공 이전의 돌 조각문양

아크툰 우실 제1 챔버의 20m 높이의 천정에 그려진
붉은 염료 그림

【오쉬킨토크 피라미드 정상】

오쉬킨토크의 피라미드 정상에서 저자는 영험한 카타르시스와 조우했다.

7

죽음과 삶

마야 神이 가장 사랑한 제물, 인간의 심장

아크툰 우실Aktún Usil 동굴의 천정에 있는 신비로운 형상의 페인팅에 관하여 이해를 심화시키기 위해서는 마야문명의 한 중심이었던 오쉬킨토크Oxkintok라는 고고학 발굴지로 잠깐 관심을 선회해볼 필요가 있다. 아크툰 우실이라는 동굴은 바로 가까이 있는 오쉬킨토크라는 도시가 번창하고 있을 때, 제식용 목적을 위하여 사용된 곳이라는 것은 의심의 여지가 없다. "오쉬"는 "셋"이다. "킨"은 "태양" 혹은 "날"(day)을 의미한다. "토크"는 "부싯돌처럼 단단한," "완고한," "변치 않는"의 의미를 지닌다.

"오쉬킨토크"라는 것은 많은 다양한 번역이 가능하겠지만, 현재 가장 잘 쓰이는 번역은 "세 개의 빛나는 태양의 도시" "세 개의 날카로운 태양의 도시"(the city of three sharp suns) 정도이다. 오쉬킨토크 지역에서 출토된 7만여 개의 도기파편, 그리고 38개의 온전한 그릇 유물들을 연구한 결과, 이 지역에 사람들이 정착한 것은 BC 500년 경에까지 거슬러 올라간다. 이 사실은 오쉬킨토크야말로 이 지역에 존재하는 주요도시들보다 훨씬 오래된 유구한 역사를 지니고 있다는 것을 말해준다. 오쉬킨토크는 초기 고전시대(AD 250~550)에 중부 멕시코와 페텐 마야Petén Maya(현재의 과테말라)를 연결하는 상업루트를 따라 성립한 매우 중요한 마야문명의 하나의 수도였다는 사실이 입증된다.

이 고대도시의 중요성과는 무관하게, 이 위대한 유적은 외국인이든 멕시코사람이든지를 막론하고 대부분의 관광객들에게 관심의 대상이 되지 못했고 역사의 시간에 그림자도 드리우질 못했다.

나 개인의 느낌으로 말하자면, 이 유적지가 버려진 채로 숨겨져 있었다는 사실, 이곳에 도달하는 비포장도로는 일반인들이 찾기도 어려웠다는 사실이 이 유적지에 대한 마술적 매력을 가중시켰다. 950헥타르를 넘는 보호구역이 발굴되지도 않은 채 야생의 상태로 방치되어 있었다. 돌무덤의 둔덕들이 숲으로 덮여있었는데 어디든지 파헤치면 거대한 유적들의 잔해가 그 웅장한 모습을 드러낼 것만 같았다. 그러나 최근에 멕시코정부가 관광객을 유치하고자 하는 욕심으로 미화 수십억 불에 달하는 트렌 마야 프로젝트Tren Maya Project를 발표했다. 이 프로젝트와 관련하여 2025년 11월 20일, 지역 신문은 오쉬킨토크로 접근하는 방편을 현대화하기 위하여 대규모의 토목공사를 시작한다는 것을 발표했다. 포장도로를 만들고, 입장권 사무소를 위한 근대적 건물을 세우고, 관광객의 편의를 도모하겠다는 것이다. 이 프로젝트가 이 위대한 고고학적 지리를 어떻게 변화시키고 그 주변에 어떠한 미래적 변화를 가져올지, 나는 그냥 공포스럽기만 하다.

오쉬킨토크의 연대기는 푸욱Puuc 지역에 있는 여타 다른 주요유적지보다 빠른 시점에서 출발하고 있고, 또 건축디자인의 스타일이 분명하게 달랐기 때문에, 프로토 푸욱Proto-Puuc 스타일이라는 작명을 얻었다. 푸욱 건축스타일 등장 이전의 스타일이라는 뜻이다.

명각銘刻이 있는 구조물 중에서 가장 이른 마야 캘린더(역曆)가 새겨진 작품은 AD 475년의 것으로 추정되었다. 푸욱 지역에서 가장 잘 알려진 도시인 우쉬말이 두각을 드러낸 것은 AD 700년(통일신라 초기, 원효 스님 입적시기) 이후의 일이다.

우쉬말의 대표적 피라미드

그때 푸욱스타일의 건축법이 완성되었다(불국사 창건시기에 해당
된다).

마야 피라미드와 영적 교감

푸욱건축물들은 아주 정교하게 도려낸 석회암 석판으로
마무리되었기 때문에 매우 정교하게 보인다. 그 속은 자연 그
대로의 잡석을 시멘트로 굳힌 것이다. 이것은 건축법의 도약
을 의미한다. 그 이전의 거대한 돌을 통채로 회반죽이나 흙반
죽을 사용하여 쌓아올린 건축법에 비하면 상당히 진전된 건
축법이다.

AD 250년에서 900년에 이르는 고전시대(the Classic Period)
를 통하여 마야인들은 우리의 상념을 뛰어넘는, 놀라운 방
수효과를 지니는 석고와 회반죽을 발명하였다. 그것은 다양
한 나무 수액을 섞어 반죽함으로써, 반죽이 화학적 변화를
일으켜 접착력이 강하게 되는데 그것은 놀라운 지속성과 끈
기를 과시한다. 푸욱스타일의 특징은, 대문을 지탱하는 둥
근 원형의 기둥을 비롯하여 긴 열로 반복되는 돌기둥들, 그리
고 조각된 문양의 처마 돌림띠, 전면 상부를 장식한 풍요로
운 모자이크의 사용, 주먹코 마스크와 격자창문같이 보이는

우쉬말의 지배자 궁전

디자인들을 포섭한다. 건물에 쓰인 마스크 형상들은 우신雨神 샤크Chac나 위츠Witz라고 알려져 있는 성상聖像학적인 산(iconographic mountain)을 나타낸다고 말하여지지만 진짜 그것이 무엇인지에 관해서는 아직도 논란이 계속되고 있다.

푸욱스타일의 전형 사원은 루타 푸욱Ruta Puuc이라고 불리는 관광루트를 따라 배열되어 있는 우쉬말과 다른 지역에서 볼 수 있다. 카바Kabah, 사일Sayil, 슐라파크Xlapak, 라브나Labná가 그것이다. 여기 나열한 도시 중에 오쉬킨토크Oxkintok가 빠져있는데, 그 지리적 위치가 북쪽으로 멀리 떨어져 있고, 그 다양한 건축학적 스타일이 중앙 멕시코의 영향을 받은 것으로 여겨지고 있기 때문이다.

마야의 대부분의 도시들이 유기적으로 확장되어 나간 것처럼, 오쉬킨토크 또한 특색있게 다른 그룹의 건물들로 구성되어 있다. 그 건물군은 다른 지배세력이 정착하면서 생겨난 제식적·행정적 콤플렉스로 구성된 센터를 가리키고 있다.

궁정건물과 엘리트 주거지역은 불규칙하게 확장되어 나간 것처럼 보이지만, 그 도시의 구역들은 샤크베Sacbé라고 불리는 둑길(인도, 보도)에 의하여 연결되어 있다. "샤크베"라는

것은 "하얀 길"이라는 뜻인데, 그 길은 높여지고 석회석의 회
반죽으로 말끔하게 포장되어 있었기 때문에 붙여진 이름이
다. 그 부지의 주요 대문에서 남동쪽으로 아 카눌Ah Canul이
라 불리는 탁월한 건물군이 나타난다. 접두사인 "아ah"는 이
지역을 관할하는 지배자의 소속을 나타내고, "카눌"은 지배
자가문의 이름을 나타낸다.

라브나의 푸욱스타일 건축

라브나의 전형적 마스크 조각

 미루의 마야문명 탐험

【우쉬말 전경】

【오쉬킨토크의 피라미드】

이 아카눌그룹만으로도 1만5천 평방미터의 대지와 25개를 넘는 구조물을 포괄하는데, 세 개의 거대한 피라미드가 숲에 가려진 채 온전하게 보존되어 있다. 마야의 피라미드는 성전, 제례행사장소, 정치권력의 중심, 그리고 가끔씩 왕들의 무덤 영안실로도 쓰였다. 이 특별한 피라미드들은 탈루드—타브렐라Talud-Tablera 스타일의 공법으로 지어졌는데, 탈루드는 45° 정도의 미끄러지는 경사면이고 타브렐라는 중간에 돌출되는 계단면이다. 이 "경사—판넬slope and panel"식의 피라미드는 각 면이 계단으로 보인다. 이 양식은 초기 고전시대에 번창한 중부 멕시코의 위대한 상업제국이었던 테오티후아칸Teotihuacan의 영향을 받았음을 명시한다.

나는 이 피라미드 중의 하나와 매우 영적인 교감을 했다. 낮에도, 한밤중에도 사람이 아무도 없을 때, 홀로 피라미드 꼭대기로 올라가 사지를 펼치고 드러누워 천지를 품에 안을 때, 형언할 수 없는 희열에 잠긴다. 나는 여러 번 그곳에 갔는데, 갈 때마다 유니크한 에너지를 느꼈다. 가장 강렬하게 남는 추억은 만월이 공산과 대지를 비출 때의 느낌이었다. 피라미드의 꼭대기에 홀로 앉아 좌선을 하면서 지평선 파노라마의 사일런스를 온몸에 빨아들일 때, 관망을 방해하는 일체의

오쉬킨토크의 인형 돌기둥, 복원 전

 미루의 마야문명 탐험

전기등불이 없이 끝없이 광활한 숲이 나의 존재의 방석이 되었을 때, 나는 무한한 영감에 휩싸였다. 바로 이 장소에서 수천 년 전부터 제식을 행한 사람들은 신을 곧바로 만났을까? 내가 느낀 카타르시스와 영험한 상승은 분명 근대문명이 제공할 수 없는 것이다. 인간의 신성은 자연에서 온다. 그런데 관광객유치를 위해 이 모든 것을 파괴하는 현대사회의 토목은 신성의 모독치고는 너무나 슬픈 것이다.

아카눌그룹 건축의 특징적 구조 중의 하나가 인체형상의 돌기둥을 소재로 하는 궁전을 포함한다. 그 외로도 다양한 수수께끼 같은 형상들은 고고학자들에게 문제를 던졌다. 전사들일까? 귀족들일까? 신들일까? 가장 확실한 하나의 사실은 오쉬킨토크의 엘리트들은 이 궁전들이 지어질 그 시절에 어떤 옷을 입었고 어떻게 치장을 하고 있었는지를 알려주고 있다는 것이다.

하나의 형상은 매우 정교하게 깃털로 장식된 머리 드레스를 두르고 있고, 목과 손목, 윗팔뚝에는 헤비하게 보석으로 치장을 했다는 것을 알 수 있다. 그리고 윗몸통에는 아무런 의상을 걸치지 않았다. 그러나 아랫도리는 스코틀랜드의 남성이 입는 스커트 같은 치마를 무릎에까지 오게끔 걸치고 있

귀신의 궁전의 인간형상 조각

다. 배 한가운데 있는 벨트로부터는 괴물형상이 그려져 있는 천쪼가리(새시, sash)가 덮여져 있다(우리나라 관복 앞에 내려뜨리는 상裳과 비슷).

좀 무시무시하게 이름지어진 "데빌의 궁전"에는 또 하나의 색다른 인간형상이 보이는데 두 팔을 양쪽으로 치켜 올렸다. 얼굴은 거의 해골과 같이 보이고 머리꼭대기에는 구멍이 두 개 나있다. 그 구멍은 전통적으로 귀신의 뿔이 심어져 있었던 곳으로 여겨졌다. 그래서 이 궁전도 "귀신의 궁전"이라고 이름지어졌던 것이다.

어떤 고고학자들은 이러한 평범하지 않은 조각들은 모두 초자연적 존재의 모습을 나타낸다고 믿었다. 또 다른 학자들은 이것이 전쟁포로의 형상이라고 추론하였다. 나체에 불알만 가렸다는 것이다. 마야의 유적 중에 전쟁포로를 그린 그림이나 양각은 많다. 전쟁포로들은 발가벗겨지고 비하된다. 그 유명한 예가 치아파스Chiapas에 있는 보남파크Bonampak 벽화이다.

"귀신의 궁전"에 있는 이 조각품의 복부에는 신비로운 원형조각이 있다. 그 중앙에 더 작은 원이 파여있다. 그 파인 원

형에는 다른 돌조각이나 비취조각품이 끼워져 있었을지도
모른다. 혹자는 그것이 갑옷의 일부분이라고 말하기도 하고,
장식품, 혹은 무슨 그릇이라고 말하기도 한다. 나 개인의 견
해로는 그것은 인신공양과 관계되는 것이라고 단언한다.

마야나 아즈텍이나 인간을 제물로 바치는 방식의 제사가
그들의 일상을 지배하고 있었다. 치첸 잇차에서 발굴된 유명
한 조상彫像양식에 다음과 같은 것이 있다. 팔뚝에 몸을 기대
고 비스듬히 누워있는 돌조각상인데, 배꼽 위에 둥그런 사발
또는 접시를 놓고 양손으로 잡고 있다. 그러나 머리는 반듯하
게 천정을 향해 들고 있으나 시선의 방향은 90° 각도로 목을
돌려 정면을 바라보고 있다. 다리는 땅을 디디고 있으며 발은
궁둥이에 붙어있다. 따라서 무릎은 완벽히 접혀 하늘을 향해
있다.

차크몰, 인간의 목을 치는 플랫폼

이 조각상들은 하나의 유형을 이루는 것으로서 AD 9세기
부터 나타나는데 개괄하여 차크몰Chacmool이라고 부른다. 치
첸 잇차에서만 14개의 차크몰이 발굴되었다(사진의 상은 1875년
에 발굴됨. 멕시코시티의 국립인류학박물관에 진열되고 있음). 다른 지역

에서 발견되는 차크몰의 형태는 다양하지만, 치첸 잇차의 차크몰은 한결같이 젊은 남성이며 전사의 성격을 지니고 있다. 그리고 나체이며 방어능력이 없는 모습이다. 굽은 팔뚝과 무릎은 마야조각에 나타나는 전쟁포로와 공통점을 지니고 있다.

차크몰은 이미 죽임을 당한 전사이며, 신에게 바치는 제물을 들고 가는 상징적 모습이라고 한다. 차크몰은 제물로 바쳐지는 인간희생의 목을 치는 플랫폼으로 사용되기도 하였으며, 팔딱팔딱 뛰는 심장을 몸에서 분리했을 때 그 심장을 놓는 그릇이 바로 차크몰 배 위의 사발이라고 추론되고 있다.

【치첸 잇차에서 발굴된 차크몰】

사진＝위키미디어

아직 살아 움직이는 심장이야말로 신이 가장 사랑하는 제물이었다고 한다. 신은 인간의 피를 먹으면서 강해진다고 한다.

마야 세계에서는 고위층의 전쟁포로만이 희생되었다. 희생의 가장 고급스러운 제식은 심장을 뽑아내는 행위였다. 복부의 갈비 아래를 칼로 자르고 횡격막을 찢고 들어가 심장을 몸에서 분리해내는 일이다. 인신공양은 동물공양만큼 흔한 일은 아니었다. 사람은 사혈bloodletting을 통해 신에게 자신의 충성을 드러내기도 하였다.

인신공양이 오쉬킨토크에서도 행하여졌다는 사실이 인간유해를 발굴하는 과정에서 입증되었다. 2022년에 머리 없는 돌조각상이 아흐 집Ah Dzib이라 불리는 건축물그룹의 대지에서 발굴되었다. 이 터에는 마야문명에서 가장 오래된 구기장ball court이 있다. 입구 서쪽에 위치하고 있는 거대한 돌반지(골대 역할)에 새겨져 있는 명문으로 이 구기장이 AD 714년에 만들어졌다는 것을 알 수 있었다. 석회석으로 만들어진 사람몸 실물크기의 조각상이 발굴되었는데 목이 잘린 사람의 모습이라고 추정되었다. 장식이 없는 나체상인데다가 손과 발이 다 잘려나갔다.

처음에는 고고학자들은 이 조각을 생산의 신(a fertility deity)이라고 생각했다. 이 조각 전체를 등 뒤쪽에서 보면 그 전체몸통이 거대한 남성 성기를 방불케 하기 때문이었다(우리나라 좆바위에 해당). 그러나 나중에 그들은 보다 리얼한 결론에 도달했다. 그 조각상은 제물화된 전쟁포로였다는 것이다. 온전한 조각상을 놓고 의도적으로 목과 발을 잘라버리는 상징적 퍼포먼스를 행하였던 것이다.

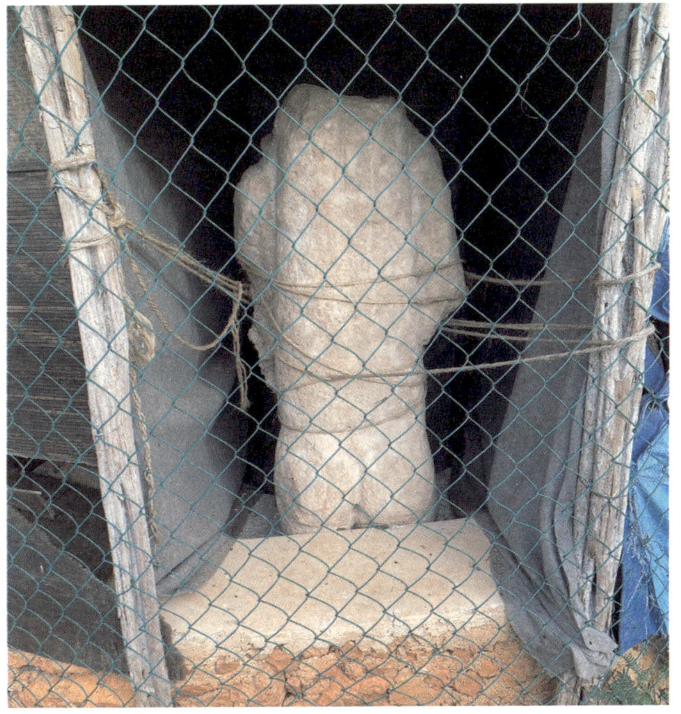

오쉬킨토크에서 발굴된 조각. 여기 보이는 것은 뒷모습이다. 해석의 여지가 많다.

신라인과 맞먹는 마야인의 천문학 지식

이 조각상은 관광객을 위하여 새로 건설하고 있는 루타 푸욱Ruta Puuc변에 들어서는 새 박물관에 진열될 것이다. 오 쉬킨토크에서 발굴된 인형人形의 돌기둥 중에서 하나는 멕시코시티로 갔다. 메리다의 마야세계 박물관Mayan World Museum of Merida에도 비슷한 돌기둥이 보관되어 있는데, 전신이 완전무장을 했으며 좀 생소한 로보트 같은 얼굴을 하고 있다. 큰 눈이 돌출하였으며 복부에는 큰 접시가 조각되어 있다. 오쉬킨토크 제자리에 남아있는 또 하나의 돌기둥은 불행하게도 보존한답시고 전체를 석고반죽을 발라버렸다. 인공적 복사본처럼 보인다. 보존을 위해 한 짓이겠지만 세월이 창조한 유기적 미학의 상실을 나는 애통해 한다.

오쉬킨토크의 사람들의 지혜를 보여주는 재미있는 건물들이 있다. 예를 들면, 그들은 수력을 사용하는 공학에 뛰어난 재능이 있었다. 물의 가용성은 일년 내내 매우 중요한 문제였다. 오쉬킨토크의 지역은 유카탄의 다른 지역보다 지대가 높고, 가까운 거리에 쎄노테(우물)도 있지 않았다. 그들은 수로와 저수시설을 만들었다. 저수시설은 지하에 마련한 커다란 탱크였는데 출투네스*chultunes*라고 불렀다(전체모양이 병 같다).

그들은 또 천문학의 귀재였다. 마야인들은 천문현상을 관찰하고 예측하는 고도의 정교한 관측시스템을 구축한 것으로 학자들은 평가한다. 동쪽 끝에 있는 플라자에는 하나의 아치웨이가 있는데, 그것은 태양의 주야평분시(춘분, 추분)의 황도길과 일치하도록 설계되어 있다. 메리다의 북쪽에 지빌찰툰Dzibilchaltún 지역에도 비슷한 효과를 내는 건축물이 있다. 피라미드가 있고, 그 위에 사각의 성전이 건축되어 있는데, 그 동·서 양쪽 면에 4각의 구멍이 뚫려있다. 춘·추분의 때가 되면 해가 뜨거나 해가 질 때 태양이 정확히 그 구멍으로 들어오게 되어있다. 그러면 눈부신 찬란한 빛의 댄스가 시작된다.

비슷한 빛의 이벤트가 치첸 잇차의 쿠쿨칸Kukulkan 피라미드에서도 일어난다. 춘분 혹은 추분 때가 되면 한 모서리의 그림자가 입구면 계단 옆으로 약간 높게 올라와 있는 난간에 드리우는데, 그때 그 계단은 거대한 깃털 있는 뱀의 신 쿠쿨칸이 몸을 출렁거리며 피라미드를 내려오고 있는 듯한 환각을 일으킨다. 그 난간의 밑에는 거대한 뱀의 아가리를 쫙 벌린 두상이 조각되어 있다. 어떻게 그렇게 춘·추분의 태양의 그림자를 피라미드의 사각斜角에 맞출 수 있었는지 신비롭기 그지없다. 대단한 기하학적 통찰이다. 석굴암 부처의 이마를

일자로 비추는 동해의 일출, 그 예지에 상응하는 코스믹 댄
스라 할 것이다.

치첸 잇차, 춘·추분 시 뱀신 쿠쿨칸의 하강

사진＝위키미디아

 미루의 마야문명 탐험

천문학의 주제는 오쉬킨토크에서 가장 수수께끼 같은 건축물이며 마야세계 전체를 통해 매우 유니크한 스트럭쳐인 사툰사트Satunsat를 언급하지 않을 수 없게 만든다. "사툰사트"란 "사라져 버리는 곳," "사라지고 또 사라지는"의 뜻이다. 이름이 말해주듯이 이것은 3층으로 지어진 복잡한 다층의 미로이다. 좁고 긴 터널 같은 방들과 비틀어지기도 하고 돌기도 하는 회랑, 때로 데드엔드에 부닥치고, 또 다른 층으로 옮아가는 계단을 만나기도 한다. 제1층의 어떤 부분은 언덕을 파 들어간 지하구조이다. 이 건물을 설명하는 문헌이 남아 있지 않기 때문에 이 구조의 기능을 정확히 규정하기는 쉽지 않다.

그러나 이 구조가 제식적 목적에 쓰여졌다는 것은 대부분의 연구자들의 견해가 일치한다. 이것은 상징적인 동굴이었으리라! 마야인의 지하세계, "공포의 장소"로 알려진 쉬발바Xibalba에 대한 건축학적 메타포라 할 수 있다. 이 쉬발바는 여기 어둡고 공포스러운 미로로서 그려지고 있는 것이다. 이 미로의 3층구조는 마야인의 우주관념을 연상시킨다. 마야인은 우주를 3층으로 생각했다: 1)지하세계 2)지상세계 3)하늘세계.

그러나 1층과 2층은 초기 고전시대에 먼저 시공된 것으로 보인다. 그리고 최상층인 3층은 코벨corbel 아치 천정은 등장하는 프로토 – 푸욱스타일 시대에 지어진 것으로 보인다. 물론 그 천정이 떨어져 없어져 버렸다. 3층만이 플라자로 나올 수 있는 출구가 있다. 이 사실은 미로의 여행이 지하세계에서 출발하여 다양한 미로를 경험하면서 미로의 보행자 자신의 인격의 변화를 거친 후에 꼭대기의 빛의 세계로 새롭게 현현한다는 심볼리즘을 의미한다고 볼 수 있다. 공적 세계에서 대중을 만나는 것이다.

【사툰사트】

이러한 구조적 이유 때문에 연구자들은 사툰사트가 이니시에이션을 거치는 사제들이 강력한 인물로 변모하는 것을 상징하는 데 쓰였다고 본다. 이 건물의 또다른 탁월한 성격은 제1층의 입구가 있는 서쪽 표면에 있다. 그곳에는 9개의 작은 네모난 창문이 있는데 이 창을 통하여 들어오는 빛이 춘·추분 일몰 때에는 일렬로 정렬되어 내부를 환하게 밝히는 모양이다. 이것은 이 건물이 천문관측소나 농사를 짓는 데 필요한 적당한 때를 예측하는 코스믹 캘린더의 역법과도 연관되어 있다고 보여진다. 이러한 예측의 능력이야말로 사제 지배자들의 권능을 확보하는 열쇠였을 것이다.

【사툰사트의 내부】

사진 = 위키미디어

오쉬킨토크와 아크툰 우실

오쉬킨토크라는 도시에서 일어날 수 있었던 사건들을 연구한 후에나, 나는 아크툰 우실 동굴 천정에 있는 신비로운 붉은 형상들을 이해할 수 있게 되었다. 최근의 금석학적 연구는 이 디자인들이 점성학적 기본상基本相의 포인트와 숫자라는 사실을 노출시켰다. 그리고 그 동굴은 지하세계로의 통로일 뿐 아니라, 천문학적인 공간세계와도 소통하는 것이며, 농사와 사회적 행사와 관련된 역법曆法이 만들어지는 준거가 되기도 했다.

페인팅의 정확한 제작시점은 연구된 적이 없지만, 오쉬킨토크에서 발견된 도기들에 새겨진 성상聖像과 그 아크툰 우실 도기 스타일을 비교연구한 결과, 아크툰 우실의 동굴은 사툰사트가 건축되던 시기와 같은 시기에 활용되었다는 사실에 대한 확고한 정보를 얻게 된 것이다.

사툰사트의 기능과 동굴벽화의 내용과 동굴 자체의 의미체계는 밀접한 연관성이 있다. 오쉬킨토크의 사제들은 사툰사트의 미로에서 이니시에이션의 제식을 거친 후에 반드시 어느 기간 아크툰 우실의 동굴 속에서 살지 않으면 아니되었던 것이다. 붉은 천정 페인팅 이외로도, 많은 암석조각들, 또 많은 스텐실 핸드 프린트, 세라믹 파편들, 유골들이 그 동굴에서 발견되었다. 그 동굴은 예행적인 제식을 위한 공간으로 사용되었다. 그 공간은 정적, 암흑, 고립 때문에 제식적인 정화과정에 이상적인 기능을 제공했다. 뿐만 아니라 이곳은 사제들의 금식을 위한 성소로 기능했으며, 또 금식기간 동안에 신들에게 제물을 바치고, 한 해의 운세에 대한 예언을 행하는 곳이었다. 작은 입구만 봉쇄해버리면 그 과정은 확실하게 이행될 수 있었다.

메소아메리칸문명의 전통에서는 동굴은 사자의 지하세계로의 통로였을 뿐 아니라, 엄마의 자궁과도 같은 창조의 공간이었다. 생명이 잉태되고, 죽음과 부활이 연속되는 변화의 공간이기도 했던 것이다. 우리 동방인의 관념과도 상통하는 측면이 있다. 아크툰 우실은 쉬발바(마야인의 명계冥界)에로의 입구일 뿐 아니라, 사툰사트와도 같은 쉬발바의 표상이었다.

아크툰 우실에서 발견되는 손도장은 천정벽화가 있는 제1 대챔버와 제2 대챔버 사이에 있는 좁은 통로에서 발견된다. 제2 대챔버에는 다양한 문자기호와 동물형상, 지하세계와 관련된 사람얼굴들, 아마도 신의 얼굴이거나 조상의 얼굴이거나 했을 것이다. 하여튼 그러한 조각이 많이 발견된다.

히스패닉시대 이전의 시기에 있어서 동굴에 남긴 사람들 손도장은, 우선 사람 손을 대놓고, 입에다가 물과 색소를 머금고 손 위에 뿜어낸 후에 손을 떼는 방식으로 그려졌다.

우주적 힘을 담지한 동굴

아크툰 우실에서 발견되는 손도장은 왼손만 두 개 나란히 그려져 있다. 두 개의 영역을 연결하는 통로의 표시라고 한다. 이 손도장들은 제식에 참여한 사람들이 남기는 것이라는데, 그들은 벽에다 손을 대는 행위를 통하여 신성한 광경과 소통한다고 한다. 터치의 감각을 통하여 손이 에너지의 발단이 된다. 그 에너지는 초자연의 경계와 인간의 경계를 넘나들게 된다. 손도장을 찍은 그 손이 곧 영적인 에너지(기氣)를 주고받는 도구가 된다. 그것은 제식을 수행하며, 치유의 권능을 행사하며, 예술을 창조하기도 하고 영양을 공급하기도 한다. 동굴은 그 자체로 우주적 힘을 담지한 살아있는 유기체로서 인식된다. 그것은 엄마의 자궁과도 같은 생성의 공간인 것이다.

【필자가 아크툰 우실 동굴에서 발견한 사람얼굴 조각】

종교로 무장한 스페인 정복자들은 마야 피라미드를 부수고 그 소재로 카톨릭 수도원을 지었다.

8

문명과 종교
수도사 한 명의 열정과 헌신이 파괴한 문명

오쉬킨토크라는 도시는 AD 1500년경에는(우리나라 조선에서는 사화들이 일어나고 사림이 흥기하던 시기였다) 버려지게 되는데, 그 후에도 동굴들과 쎄노테들은 계속해서 마야인들에 의하여 제식장소로 활용되었다. 시간이 흐르면서 그 제식의 의미와 형식에는 변화가 있었을 것이다. 서구문헌사에 있어서 오쉬킨토크가 최초로 언급된 것은 1588년 안토니오 데 씨우다드 레알Antonio de Ciudad Real이라 이름하는 프란체스코수도회의 수도사에 의한 것이라는 사실은 흥미롭다.

그는 이 지역의 주교(bishop) 디에고 데 란다Diego de Landa가 유카탄으로 여행을 가는 것을 수행했던 것이다. 수도승 안토니오는 푸욱Puuc산맥을 따라 서있는 거대한 폐허의 구조물로 가득차 있는 고고학적 지대에 관하여 썼다. 그리고 사툰사

트Satunsat도 언급하고 있다. 그러나 그는 사툰사트를 심각한
범죄를 저지른 사람을 던져서 그들이 죽을 때까지 감금하는
지하감옥이라고 왜곡된 기술을 서슴치 않고 있다. 그가 그렇
게 생각한 것도 놀라운 일은 아니다. 마야사람들은 악마에 홀
린 잔악한 야만인이라는 편견이 당시의 프란체스코 수도원
사람들이나 스페인 식민주의자들 사이에서는 매우 널리 퍼져
있었다.

여러분들은 앞에서 언급한 시에나의 베르나르디노Bernardino
of Siena, 1380~1444라는 카톨릭신부의 "태움"을 기억할 것이
다. 책과 예술품이 성스럽지 못하다 하여 무조건 불살라졌고
그 행위로 인하여 그는 성자로 시성되었다.

이 무렵에는 그 전통을 이은 디에고 데 란다Diego de Landa,
1524~1579 프란체스코 비숍이 소중한 마야의 코우덱스와 유
품들을, 메리다의 동남쪽 90km, 푸욱 동산 산맥의 지역으로
부터 10km 밖에 떨어지지 않은 마니Mani라는 타운에서 모조
리 불태우는 축제를 거행하였던 것이다. 엄청난 양의 예술품
과 다시 만날 수 없는 문헌들이 순식간에 사라졌다.

이 비극적인 사건을 그들은 "아우토 다 페auto-da-fé"라고 기

술했는데, 그것은 문자 그대로 "믿음의 행위act of faith"라는 뜻이다. 이 행위는 이단을 저주하는 공적인 참회로서 제식화되었다. 이 이단의 규정은 15세기부터 19세기에 성행한 종교재판(Inquisition)에 의하여 부과되는 것이다. 이단자들은 거친 삼베로 만든 특별한 죄인의상을 입고 높은 원뿔꼴의 모자를 쓰고 대로를 행진한다. 공적인 수치의 상징인 것이다. 죄목을 읽고, 처벌을 수행하는데 심한 경우에는 그 당장, 공중의 앞에서 불살라 죽음에 이르게 한다.

【 "믿음의 행위," 그 비극이 일어난 마니에 있는 수도원】

이 모든 엄청난 비극이 마야동굴에 전통적인 제식이 남아 있다는 사실의 발견으로부터 시작된 것이다. 프란체스코의 수도승들은 이것을 "악마예배"라고 라벨을 붙였고 금지시켰던 것이다. 우리나라의 굿 정도에 해당되는 제식이 문화를 잿더미로 만드는 악마예식으로 규정된 것이다. 우리나라에서는 굿이 지고의 예술로 승화된 것을 생각하면 서양종교의 야만성은 너무도 저열한 것이다. 오늘 우리가 알고 있는 마야문명에 대한 지식은 바로 마야문명을 불태웠던 란다 비숍의 지식에 의거하는 것이 99%라고 말하는 마야 연구가 윌리엄 게이츠(1863~1940)의 주장도 의미 있게 새겨들을 만하다. 우리 역사의 이해가, 우리 역사를 불살라 버리고자 했던 일본식민주의 사학자들의 지식에 의거함이 99%라고 말한다면 지나친 말일까?

디에고 데 란다 칼데론Diego de Landa Calderón은 유카탄의 식민지역사에 있어서 가장 논란이 많은 특별한 인물로서 그 이름이 남아있을 것이다. 그는 마야사람들의 문화적 전통의 모든 상징물과 과거의 기록을 야만적으로 다 파괴시켰다. 그러나 또 동시에 당시로서는 상상도 할 수 없는, 마야문명에 대한 가장 포괄적이고도 가장 세밀한 기록을 남겼다. 마야

토착민의 삶의 방식, 언어, 문화, 그리고 그들의 신념을 『유카탄의 사건에 대한 기록』(*Relación de Las Cosas de Yucatán*, 영역: *Account of the Things of Yucatan*)이라는 그의 저서 속에 소상히 밝혀 놓았다. 이 책이야말로 마야문명을 탐구하는 동시대의 학자들에게 제공되는 주된 정보근원이 될 수밖에 없다는 아이러니를 무너뜨릴 수 없게 만든다. 란다야말로 지구상에서 마야의 역사를 깨끗이 지워버리고 그 위에 자신이 생각하는 역사를 새로 쓰려고 한 듯이 보인다.

이 책의 원고는 1566년경에 완성되었는데, 그때 란다는 스페인에 귀국하여 체류중이었다. 그는 권력을 너무 과도하게 행사하였고, 불법적이라고 말할 수 있는 종교재판을 수행하였으며, 또 그의 사적인 관념의 정당화를 위하여 저술을 하였다는 죄목으로 재판을 받고 있었다. 그의 행위는 너무도 잔인하여 식민지주의자들에게나 프란체스코수도사들에게도 납득이 가질 않았고, 그의 범죄적 행위에 대하여 고소장을 낸 것이었다. 그러나 1569년에 란다는 그의 모든 범죄로부터 무죄판결을 받고 풀려났다. 그리고 1572년에는 선임자 토랄Toral 비숍이 사망하자, 스페인의 왕 필립 2세King Phillip of Spain는 그를 다시 유카탄의 비숍으로 서품한다. 그가 다스린 지역에서 범죄를 저지른 자를 다시 그 지역의 최고 권력자로 보낸다는 것은 좀 이상하게 보일지는 모르지만 그런 현상은 현대정치판도에서도 쉽게 목격될 수 있는 사례이다. 1562년 7월 12일 마니Mani에서 일어난 끔찍한 문명파괴사태를 무엇이 일으키게 했는가, 그리고 그 결과는 무엇이었나를 우리는 차분하게 분석해볼 필요가 있다. 그렇게 함으로써 우리는 종교라는 이름 하에 저질러지는 심각한 죄악의 실체를 알 수 있고 또 그러한 죄악이 인류사에서 반복되어서는 아니 된다고 말할 수 있기 때문이다.

란다의 모순된 의식

1549년, 프란체스코의 수도사로서 유카탄에 처음 도착하였을 때, 란다는 24세의 젊은이였다. 그는 야망이 컸으며, 마야사람들을 기독교인으로 개종시키고 우상숭배를 못하게 한다는 사명감에 불타는 열정의 사나이였다. 그는 자기자신을 "영적인 정복자spiritual conquistador"라고 불렀다. 당시 프란체스코수도승 중에서는 가장 정력이 넘치고 가장 일 잘하는 승려라는 명예를 얻자, 란다는 메리다에 동쪽으로 70km 떨어진 이자말Izamal이라는 중요한 마야도시에 수도원 콤플렉스를 건설하는 중요한 직책에 임명되어 빨리 승진하게 된다. 그 때만 해도 이자말에 수도승들이 머무는 곳은 몇 개의 초가지붕집밖에는 없었다. 디에고 데 란다는 그곳에 파두아의 성

【이자말 공적 스퀘어에 세워진 란다의 동상】

안토니the saint Anthony of Padua의 이름을 딴 큰 수도원을 건축하는 거대공사의 책임자가 되었다. 이자말은 주요 마야도시로서 고전후시대(Postclassic)에 쇠잔해지기까지는 거대한 기념비적인 구조물을 지닌 찬란한 문명의 중심이었다. 그러나 란다의 시대에도 그곳의 거대사원들은 그 지역에 사는 토착민들의 예배장소로서 활용되고 있었다. 그 토착민들의 신앙과 숭배야말로 마야사람들의 중요한 순례지 위에 수도원이 건축되어야만 하는 악질적인 이유였다.

마야 피라미드 위에 수도원을 짓다

수도원은 거대 마야피라미드의 상층부의 평평한 기반 위에 건축되어야만 했다. 마야 피라미드가 워낙 거대했기 때문에 그 위에 건축하는 4각의 아트리움(안마당)만 해도 바티칸의 아트리움을 제외하면 세계 제1의 크기이다. 75개의 아치로 구성된 회랑에 둘러싸인 아트리움은 자그마치 8,000m²의 공간을 차지한다. 원래의 피라미드는 지붕 위에 또다시 작은 피라미드가 있었는데, 그 피라미드를 분해시켜 그 석재를 수도원 회랑으로 사용한 것이다.

감사하게도, 이자말에 있는 어떤 피라미드는 원래의 모형대로 살아남았다. 좋은 사례는 킨니치 각모Kinich Kakmó라 불

리는 가장 거대한 피라미드 모형인데 그 베이스가 180미터 ×
200미터의 넓이를 지니고 있다. 그 베이스의 옆면은 경사각
의 측면 구조물인데 거대한 석재로 구성되어 있다. 그 베이스
의 상면上面은 지상으로부터 24미터 올라와 있는데 그 위에
지어진 작은 피라미드는 거기서 10미터를 더 올라간다. 수도
원이 지어진 피라미드는 킨니치 칵모의 모형과 매우 유사한
구조를 지니고 있었다.

【이자말에 있는 킨니치 칵모 대형 피라미드】

1899년에 찍은 이자말의 대 수도원 사진. Wikimedia commons.

 미루의 마야문명 탐험

디에고 데 란다는 마니에서의 비극적 사건 후에 스페인으로 송환되기까지 기본적으로 이자말에서 계속 주거하였다. 그는 지칠 줄 모르는 열정으로 토착민을 기독교인으로 만들려고 노력했다. 이자말에서 걸어서 수일을 걸리는 마야의 마을들을 찾아다녔다. 전혀 생소한 험악한 풍토의 동네들을 혼자 걸어다닐 때는, 그는 목숨을 걸어야만 했다.

그는 마야인들을 개종시키기 위하여 그 자신을 마야인들의 삶에 맞추어야 했다. 그들의 땅과, 사람들, 그리고 언어를 배우면서 자연스럽게 고고학적 탐색을 계속했다. 이 전도의 외로운 시기에 그가 주워들은 모든 정보는 그의 저작을 위한 자료가 되었다. 그 자료는 진실로 순결하고 오리지날한 문명의 해후였다. 마야의 사회질서구조, 마야의 정치, 경제, 종교, 자연환경, 지리, 음식이나 의복과도 같은 문화적 요소, 생활의례, 역법, 그리고 중요한 것은 마야의 "알파벳"에 관한 것이었다.

알파벳으로 안 되는 마야문자 해독

마야의 서기관들은 란다에게서 교육을 받기 시작했으며, 그들의 언어를 라틴어문자로 표기하는 것을 배우기 시작했다.

란다는 라틴알파벳을 발음하면서 그 발음에 해당되는 마야
의 글자를 쓰도록 서기관들이 쓰도록 명령했다. 란다는 마야
의 문자형상이 라틴알파벳의 한 글자에 상응한다는 신념을
가지고 있었다. 그러나 이러한 신념은 그릇된 신념이었다. 그
러한 방식으로 마야문자형상을 이해하면, 맥락에 따라 그가
이해할 수 없는 불일치가 계속 생겨났다. 이런 문제는 1950년
대에나 와서 해독되는데, 러시아의 언어학자인 유리 크노로
조프Yuri Knorozov, 1922~1999는 마야문자는 알파벳이라기
보다는 음절문자라는 사실을 발견했던 것이다.

란다가 라틴알파벳을 발음하고 있을 때 마야의 서기관들
은 음절적인 소리를 제시하고 있었던 것이다. 그렇지만 란다
의 작업은 임의로 구성된 것이 아니라 실제 발음에 기초하고
있었으므로 그 이해방식이 바뀌고 난 후에는 그의 작업은 마
야의 문자체계를 해독하는 데 불가결의 자산이 되었다.

유리 크노로조프가 마야문자를 해독하는 과정은 샹폴리
옹이 로제타스톤의 문자를 해독하는 과정과 유사성이 있다.
샹폴리옹은 이집트의 상형문자 내에도 음성기호적인 요소가
있다는 것을 중국어가 상형문자이면서도 실제로는 형성자形
聲字 중심이라는 사실로부터 깨닫는다. 마야문자도 표의적인

유리 크노로조프와 그의 고양이 아샤.
마야문자 해독에 이 고양이가 공헌.
공저자로 기록되어야 한다고 주장.

de las partes otro, y assi viene a hazer in infinitum como
se podra ver en el siguiente exemplo. Le, quiere dezir laço
y caçar con el, para escriuirle con sus caracteres auiendo
les nosotros hecho entender que son dos letras lo escriuia
ellos con tres puniendo a la aspiracion de la .l. la vocal, e,
que antes de si trae, y en esto no yerran aunque vsen dl si
quisieren ellos de su curiosidad. Exemplo.
despues al cabo le pegan la parte junta. Ha. que quiere dezir
agua porque la bacb tiene a.h. ante de si lo ponen ellos al
principio con a. y al cabo desta manera   Tambie
lo escriuen a partes [por] de la vna y otra ma   nera y, yo
no pusiera aqui ni tratara dello sino por dar cuenta entera
de las cosas desta gente. Mamkati quiere dezir no quiero, ellos
lo escriuen a partes desta manera
Syguese su a, b, c.

c   t   e   h   i   ca   h   l   L
m   n   o   o   pp   cu   ku   Xp   x   u
k   3

De las letras que aqui faltan carece dsta lengua
y tiene otras añadidas de la nuestra para otras
cosas q las ha menester, y ya no vsan para nada destos
sus caracteres espeçialmente la gente moça q an aprendido
los nros

【고대 마야 상형문자의 조각샘플】

  미루의 마야문명 탐험

심볼과 표음적인 심볼이 융합되어 있다. 현재 마야문자 연구자들은 마야문자가 대체적으로 로고실러빅logosyllabic의 문자로서 분류될 수 있다는 데 동의한다.

란다의 저서 중에서 현대의 연구자들에게 특별한 흥미를 유발시키는 것은, 치첸 잇차와 마야판과도 같은 고전후시대의 도시에 관한 그의 기술이다. 그 기술 중에서 치첸 잇차의 성스러운 쎄노테에로의 순례가 포함되는데, 그 쎄노테 속에다 마야인들은 자기들이 소중하게 여기는 물건들을 던져 넣기도 하고, 심지어 사람을 산 채 제사 지내는 인신공양을 행하기도 했다는 것이다. 란다는 마야인들이 인신공양을 행하는 것에 대해 매우 강렬하게 반대했다.

란다는 인신공양의 희생자가 될 사람들을 구하는 것이야말로 그의 성스러운 사명이라고 생각했다. 그 방법은 전통적인 마야인의 신앙과 우상숭배의 죄악을 근절시키는 것이었다. 그는 기독교에 접촉된 적이 없는 토착민 지역, 유카탄반도 전역을 다니면서 10여 년 동안 지칠 줄 모르는 설교를 행하였다. 그리고 자기 관할의 모든 수도승들에게 똑같이 전도의 사명을 다할 것을 명하였다. 이 결과 란다는 꽤 많은 마야의 리더들, 그리고 마을 서민들을 개종시키는 데 성공했다.

실제로 그의 전도는 많은 공동체에서 환영을 받았다.

마니 소년들의 순진한 보고, 스페인 왕권 강화를 위한 광포한 탄압

그러나 종교적 열정에 빠진 사람일수록 강렬한 배신감을 느낀다. 란다는 자기가 개종시킨 마야사람들의 일부가 아직도 비밀스러운 장소에서 토착적인 제사를 지내고 있으며 조상숭배적인 아이돌을 보유하고 있다는 사실을 발견했을 때, 그의 배신감에서 오는 분노는 이성을 마비시키고도 남는 것이었다.

1562년 5월 초, 마니Mani(메리다의 남쪽)의 한 시골마을의 두 명의 마야소년들이 광야를 헤매다가 한 동굴을 발견하였는데, 그 동굴 속에는 많은 도토陶土로 만든 입상立像, 그릇들, 사람의 해골들이 널부러져 있었다. 이 소년들은 그냥 순진하게 이 사실을 마니의 수도원에 있는 지역의 수도승, 페드로 데 씨우다드 로드리고Pedro de Ciudad Rodrigo에 보고하였다. 이 사건으로 모든 지옥의 문이 열리고 만다.

로드리고 수도사는 동굴 속의 불경한 물건들을 몽땅 수도원으로 가져오게 한다. 그리고 그 당시 프란체스코종단의 지

역수장이었던 란다에게 보고하였다. 이 동굴이 과연 어느 곳
에 있었는지에 관해서는 기록이 남아있지 않다. 그러나 아마
도 아크툰 우실의 동굴과도 같은 제식적 동굴이었을 것이다.

이 사건은 란다에게 아무런 죄도 없는 순결한 민중을 야
만적으로 억압하는 종교재판의 프로세스를 시작할 수 있는
구실을 제공하였다. 그 시점에서 란다는 토착민들의 악마적
인 신앙을 근절하는 유일한 길은 폭력밖에는 없다는 결론에
도달하고 있었다. 그 토착신앙이 엄존하는 한 모든 마야사람
들은 기독교인으로 개종시키고자 하는 그의 열망, 그 사명은

【아크툰 우실 동굴 내부】

달성될 방법이 없었다. 그는 당시의 행정권력에게 전폭적인 지원을 요청했다. 거국적인 잔인한 박해가 시작되었다.

당시 메리다의 새로운 시장으로 임명된 키하다^{Diego Quijada}는 마야의 제사장 계급의 사람들이 일반민중에게 행사하고 있는 권력의 중압감을 잘 알고 있었다. 사실 마야문명에서는 종교적 기능과 정치적 기능을 분별하는 것은 거의 불가능했다.

토착적인 종교제식들은 프란체스코종단의 선교정책에 방해가 될 뿐 아니라 스페인왕정에 대한 반역의 가능성도 내비치고 있었다. 뉴 월드에 있어서의 스페인 미션은 일차적으로 스페인왕권에 대한 중요한 정치적 방편이었다. 기독교의 전파는 왕권에게 식민지주의를 정당화하는 도덕적 방편이었다.

란다의 헌신적 열정과 그의 배타적 신념은 한 사람의 망상이 위대한 문명 전체를 지구상에서 없애버릴 수도 있다는 괴이한 사례를 남겨놓았다. 아씨시의 프란치스코는 무소유와 평화의 상징이었는데 그의 제자들은 그 평화를 사람을 살상하는 폭력의 극한으로 몰고갔다.

【란다와 "믿음의 행위"를 묘사하는 근세의 벽화작품】

　세속적인 권력의 힘이 끼어들자, 디에고 데 란다는 우상 숭배라고 간주되는 모든 행태들과 그 행태를 실천하고 있는 개인들에 대하여 광범위한 조사를 오케스트레이트 할 수 있었다. 그런데 그가 취한 방법은 너무도 잔인했기에 많은 사람들이 거짓자백을 해야만 했고, 많은 사람들이 자살의 길을 선택하지 않을 수 없었다. 스페인의 심문관들은 자기들이 심문하고 있는 사람들이 남자이건, 여자이건, 늙은이건, 어린 아동

마니 사건을 재현한 행사

사진＝INAH

이든 개의치 않고 고문을 가하였다. 종교의 선행이 이 지경의 악행으로 변질된다는 것은 생각만 해도 소름끼치는 일이다.

원주민의 소박하지만 아름다운 주거지가 불태워졌으며, 아무런 죄없는 민간인들이 닥치는 대로 밧줄로 묶여 끌어올려진 채 심문을 받았다. 꼬깔 모자를 씌우고 손목을 등 뒤로 묶어 들어올리는 고문방법을 썼으며, 고통을 가중시키기 위하여 목에다가 무거운 족쇄를 가하였고, 결국 어깨가 탈골되어 말할 수 없이 괴로움을 겪어야만 했다.

INAH(멕시코 국립 역사고고학 연구소)의 조사에 의하면, 이단의 제식동굴이 있는 마니Mani에서 열린(1562년 7월 12일) 대 종교재판에서 조사의 대상이 된 6,300명 중, 4,549명의 마야인들이 처벌되었으며, 350명의 마야사람들이 공공의 행진에서 죄수노릇을 해야만 했다. 그리고 64명의 마야인들이 화형에 처해졌다.

코우덱스의 소실

84명의 마야인들은 용서를 해준다는 판결과 더불어 특별한 수욕受辱의 포대기 의상을 걸치고 살아야만 했다. 95명의 마야사람들이 채찍질을 당했다. 그들은 허리 위로 나체인 상태로 녹색의 촛불을 들었다. 목에는 밧줄이 감겨있었다. 이런 것이 모두 치욕의 상징이었다. 이미 고인이 된 사람, 우상숭배를 한 조상들은 그 무덤을 파내어 관을 불살랐다. 114개의 관이 불태워졌다. 5천 개가 넘는 조각품들이 우상으로 간주되어 파괴되었다. 이 작품들의 대부분은 토기나 나무로 만들어졌으며 제식 때 향을 피우는 것들이었다. 더욱 통탄할 일은, 수피의 섬유로 만든 페이퍼를 접어 제본한 마야의 소중한

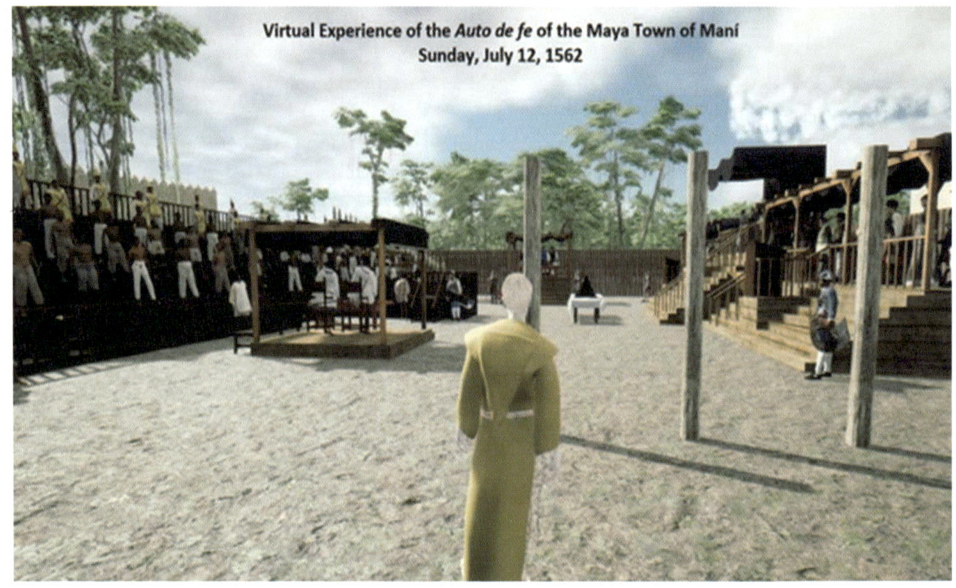

마니의 마야타운에 있었던 종교재판의 재현(1562년 7월 12일).
사진＝INAH

27개의 코우덱스가 마니수도원 앞에 지펴놓은 거대한 장작
더미 속으로 던져졌다는 것이다.

란다 자신의 말을 빌리면, "우리는 수많은 책들을 발견했
다. 그 내용을 검토해보건대, 귀신의 거짓말, 미신이라 간주
되지 않는 것이라고는 한 구절도 없었다. 우리는 그것을 전부
깨끗이 태워버렸는데, 마야인들은 놀라울 정도로 극심한 회
한에 사로잡혔다. 그들에게 비탄을 선사한 것처럼 보였다."
실제로 수도사들이 태운 것은 27개의 코우덱스를 초과했을
것이다. 코우덱스 이외에도 다른 서류라든가 그림이 있었는
데 모조리 화염 속으로 들어가 회록지재를 당해야만 했다.

그 난리통에 란다 신부가 긁어모은 예술품이 산처럼 쌓
였다. 그 파편들의 분석은 그 파편들이 근접한 도시 마야판
Mayapan과 같은 곳에서 온 것임을 말해준다. 그러나 상당 부
분의 예술품들이 벨리즈Belize나 과테말라 영역에서 온 것도
있다는 것을 알 수 있다. 가장 불행한 사실은 그들이 태운 문
헌이 과연 어떠한 성격의 것인지를 알 수가 없다는 것이다.
코우덱스는 자취를 남기지 않고 재가 되어 사라지기 때문이
다. 그러나 연구자들은 그 문헌들이 주로 제식을 정하는 날
짜, 종교와 역사의 연도를 가능케 하는 천문학적 지식을 포함

【마니에서 발견된 조각들의 파괴된 편린】

하는 역법曆法에 관한 것이라고 추론했다.

란다의 애착은 증오였다

란다 신부는 마야의 언어와 문화에 대하여 누구보다도 깊은 애정을 가지고 연구를 한 사람이다. 그러한 인간이 어떻게 그토록 섬세한 인류의 성취를, 그 문화와 과학을 그렇게 무참히 짓밟고 파괴할 수 있는가? 종교적 독단의 편협성과 무자비성을 새삼 느끼게 하는 아이러니가 아닐 수 없다. 란다는 마야민족의 아이덴티티와 그들의 땅에 대한 소유권의 근거를 철저히 멸절시키려고 작정했었다는 것을 알 수 있다. 편협한 종교와 종교의 해후는 끔찍한 폭력을 낳는다는 것을 알 수 있다.

불살라진 예술품들은 단지 미신을 신봉하기 위한 장식조각만이 아니었다. 그것들은 마야 패밀리들의 족보나 가보, 법정상속 동산에 관한 것이었다. 도토로 만든 작은 입상立像들은 죽은 가족이나 조상들의 뼛가루를 담는 용기로서 존숭되었던 것들이다. 란다의 행동이 우발적인 사건이 아니라, 이 지역을 점령한 스페인 정복자들conquistadors의 이해관계와 맞아떨어지는 매우 고의적으로 계획된 행동이었음을 알게 된다.

양봉에 관한 정보가 적혀있다.

9

문명의 젖줄, 문자

프란체스코의 원래 기능은 토착민의 보호

기실 프란체스코수도회의 기능은 토착민들을 "엔꼬멘데로스*encomenderos*"의 착취로부터 보호하기 위한 것이었다. "엔꼬멘데로스"라는 것은 스페인국왕으로부터 토착민들에게서 공납과 강제부역을 받을 수 있는 권리를 위탁받은, 강력하고도 부유한 스페인 개체들을 지칭하는 것이다. 종교의 역할은 강자로부터 서민을 보호하는 완충, 유화였다. 그러나 란다의 종교재판은 더욱 더 가혹한 착취와 토착민의 땅을 빼앗기 위하여 기획된 악랄한 권력의 소치였다.

코우덱스는 마야문명의 백과사전적 문헌

서적계열보다도 훨씬 더 많은 소상塑像 계열의 작품이 파괴되었음에도 불구하고, 마니Mani(지명)사건에서 가장 비극적인 사실은 문헌이 불태워졌다는 사실이다. 문헌은 "코우덱스codex"라고 불린다. 코우덱스라는 것은, 일반적으로 양피지나 파피루스나 근세의 종이에 선행하는 여러 형태의 글바탕으로 만들어지는 고대사본에 적용되는 명칭이다.『도마복음』(체노보스키온문서)도 나일강 상류지역에서 코우덱스의 형태로 발견된 것이다. 두루마리 형태의 사본은 코우덱스라는 이름을 부여하지 않는다. 코우덱스는 현대의 책처럼 한 쪽을 묶어 제본하거나, 아코디온 형태로 펼쳐지게끔 접은 것이다.

마야인들은 코우덱스를 만드는 데 식물섬유를 사용하였다. 몇 개의 코우덱스의 식물섬유는 피쿠스 코티니폴리아*ficus cotinifolia*라 불리는 나무 중에서 "교살자 무화과나무" 종자의 안껍질로 만든 것이 확인되었다. "교살자"라는 명칭이 붙은 것은 이 나무가 다른 나무들을 감아 목조르는 특성이 있기 때문이다. 매우 빨리 자라는 뿌리가 주변 나무들의 영양분을 빼앗고 결국에는 주변의 나무들을 죽게 만든다. 이 나무는 "아마테*amate*," "알라모*alamo*," 그리고 마야언어로는 코포*kopo'*라고 불린다.

이 나무종자들은 유카탄반도에 어디서나 볼 수 있는 고유종자인데, 특히 쎄노테우물 주변에서 거대하게 장성한다. 그 뿌리를 쎄노테 저변에까지 보내 큰 콩 싸이즈의 빠알간 무화

과열매를 무성하게 맺는다. 그 열매는 이 지역 야생동물에게
귀중한 영양원이 된다.

교살자 무화과나무, 피쿠스 코티니폴리아. 건물의 시멘트벽을 파괴한다.

멕시코의 도시에 사는 사람들은 이 나무를 저주하듯이 싫어한다. 매우 빨리 자라는 나무뿌리와 줄기가 그들의 재산을 파괴한다고 생각하기 때문이다. 그 뿌리와 줄기는 콘크리트 구조물까지 다 파괴시킨다. 동물들이 모여들어 싸는 분변과 어지럽게 떨어진 열매들이 지저분하다고만 생각하는 것이다. 그러나 실상 이 나무야말로 전 마야문명의 역사를 기록하는 페이퍼를 제공했던 것이다. 결코 저주의 대상이 아니다.

이 나무의 섬유로 만든 페이퍼는 그 위에 회반죽으로 바탕을 깐다. 이 종이는 이집트의 파피루스보다도 훨씬 더 글씨와 그림을 그리는 데 좋은 표면을 제공한다. 지금도 마야코우덱스는 색깔이 아름다웁게 보존되고 있다. 마야언어로 이 종이들은 후운*huun*이라고 부른다. 후운은 5세기경 개발된 것으로 보인다. 마야코우덱스의 내용은 우리시대에 존속하고 있는 매우 불완전한 4개의 코우덱스로부터 연구한 결과로 얻은 지식에 기본하고 있다. 이 4개의 코우덱스는 그것이 발견된 장소에 따라 이름지워졌다.

그롤리에 코우덱스와 예일의 인류학자 미카엘 코에

4개 중 3개는 아이러니칼하게도 유럽의 도시 이름을 지니

고 있다: 드레스덴Dresden, 마드리드, 파리. 네 번째의 코우덱스는 원래 그롤리에 클럽Grolier Club에서 연 전시회에서 공개되어 그 이름을 얻게 되었다.

"그롤리에 클럽"은 희귀본 서적수집가들의 엘리트 클럽인데, 1971년 뉴욕에서 전시회를 열었을 때, 이 코우덱스가 출품되었다. 호수에 사엔스Josue' Saenz라 이름하는 멕시코의 수집가가 1966년 도굴꾼과의 비밀협상을 통하여 획득한 것이라 했다. 그 도굴꾼은 치아파스Chiapas주에 있는 어느 건조한 동굴에서 이 코우덱스가 나무상자 속에 있는 채로 발견되었다고 했다. 그 상자 속에는 아무 것도 쓰여지지 않은 후운 페이퍼들도 같이 있었다고 했다.

예일대학의 저명한 인류학자이며, 마야문명의 다양한 주제에 관해 획기적인 저술을 남긴 미카엘 코에Michael D. Coe (1929~2019)는 한 친구로부터 누군가 정통의 코우덱스를 개인소유로 가지고 있다는 정보를 얻게 되었다. 그는 주저없이 멕시코씨티로 갔다. 우선 육안으로 확인해볼 필요가 있었기 때문이었다. 코에는 그것이 위조품이 아닌 것을 확신하고 사엔스로부터 다음 회기의 그롤리에 클럽의 전시회에 이 코우덱스를 전시하게 해달라고 하여 확약을 얻었다.

　코에는 이 코우덱스의 정통성에 관해서는 추호의 의심도 품지 않았지만, 이 코우덱스는 오랫동안 진실성 여부에 관하여 논란의 대상이 되어왔다. 왜냐하면 카본연대추정은 종이의 역사에 관해서는 그 진실성을 보장해주었지만, 그 위에 그려진 페인팅에 관해서는 부정적인 견해를 내어놓았다. 많은 연구가들이 이것은 고대의 페이퍼 위에 후대에 날조해서 만든 창작물일 수 있다는 추론을 제시하였다. 코우덱스의 내용이 유기적 정합성이 없이 단편적이고, 다른 코우덱스보다 디테일이 부족하며, 드레스덴 코우덱스에 포함되지 않은 새로운 정보를 제공하지 않는다는 견해를 제출하였던 것이다.

그롤리에 코우덱스 = 멕시코의 마야 코우덱스

　그러나 2018년에 이르러 "그롤리에 코우덱스"는 "멕시코의 마야 코우덱스the Maya Codex of Mexico"로 개명되었다. 멕시코 국립 인류학·역사학연구소(Mexican National Institute of Anthropology and History)는 그 코우덱스는 콜롬부스 도래 이전의 진품 코우덱스임을 선고하였고, AD 1021년~1154년 사이에 만들어진, 현존하는 최고最古의 코우덱스임을 확정지었다. 다행스럽게도 미카엘 코에는 그 발표를 보고, 다음 해인 2019년에 서세逝世하였다.

【그롤리에 코우덱스 제6면】

  12세기 이전으로 올라가는 다른 코우덱스는 발견되지 않는다. 그러나 마야사람들은 그 훨씬 이전에 쓰여진 책의 사본을 계속해서 남겼다. 란다 신부의 화형(16세기)에 걸리지 않고 살아남은 이 4개의 코우덱스 중에서 가장 중요한 문헌은 "드레스덴 코우덱스"라는 것이 중론이다. 드레스덴 코우덱스는 농사 이벤트를 예언하고 날짜를 정해주며, 그 외의 이벤트, 즉 사냥, 전쟁, 교역, 결혼, 출생 등에 관해 유효한 조언을 하며, 또 마야예술의 정수라고 할 수 있는 다양한 신들의 정교한 모습이 그려져 있다.

  드레스덴 코우덱스의 74페이지(병풍스타일) 속에는 그들의 생활시간의 관념인 알마낙(책력)이 들어있다. 쏠킨tzolk'in역曆이라 불리는, 260일 싸이클에 기반하는 제식적인 점술 칼렌다의 알마낙인 것이다. 그리고 이 알마낙과는 별도로 BC 3114년에 시작된 장구한 계산(Long Count)에 따른 시간표시를 동반하는 천문학적 테이블이라는 것이 있다.

놀라운 천문학 지식

  그러니까 드레스덴 코우덱스에는 점술 칼렌다 알마낙과

과학적인 천문학적 테이블, 이 두 개의 시스템이 공존하고 있는 것이다. 천문학적 테이블들은 일식, 월식, 춘·추분, 하지, 동지, 그리고 화성과 금성의 주기를 기록하고 또 예측한다. 이 중에서도 금성의 테이블은 그 수리적인 정교함과 복잡성으로 학자들에게 특별한 관심을 불러일으켰다.

마야인들은 584일이라는 금성의 평균적 시노딕 싸이클 synodic cycle(금성이 태양을 기준으로 정확하게 같은 자리에 오는 주기)을 계산해 내었다. 현대의 천문학적 관측에 의하면 583.92일이 되는데 거의 근접하는 수치이다. 그들은 584일의 주기를 쓸 때 발생하는 축적된 에러를 보정하는 테이블도 만들었다. 이 테이블의 목적은 모닝스타로서의 금성의 출현을 예견하는 것이다. 마야인들에게 금성은 위험, 폭력, 불행과 관련된다. 자주 제물을 창으로 찌르고 있는 신의 모습으로 묘사되곤 한다.

코우덱스는 아무나 쓸 수 있는 것이 아니고, 특별히 훈련된 서기관들에 의하여 기록되는 것이다. 그들은 역曆의 지식이 풍부했으며, 기나긴 세월 동안 하늘을 관측하면서, 별과 행성과 태양과 달의 위치를 잘 알고 있었다. 그들의 지식 때문에 코우덱스는 신성한 것으로 여겨졌다. 그리고 강력한 권세의 자리에 있는 사람들에 의해서만 취급될 수 있었다. 예를

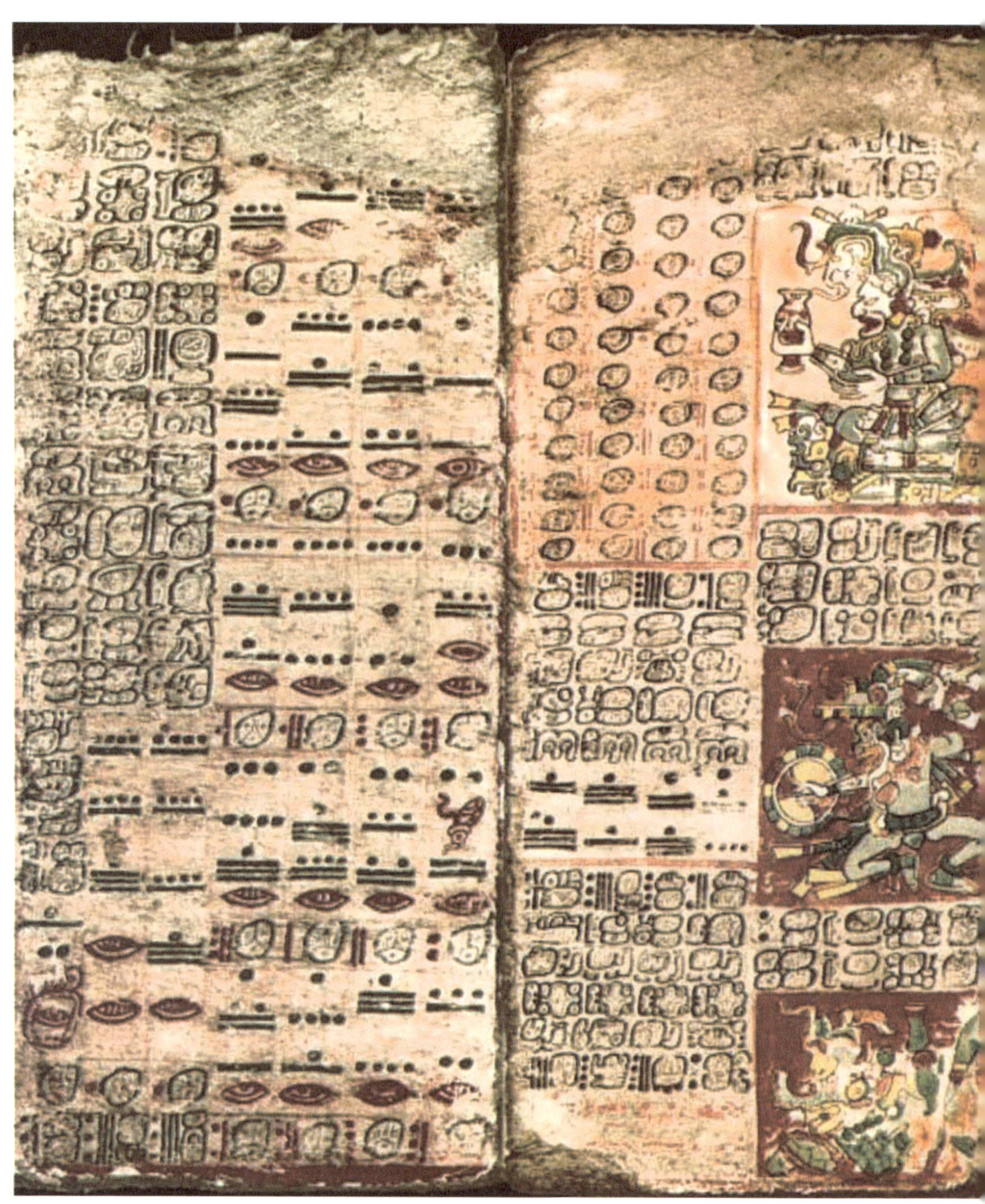

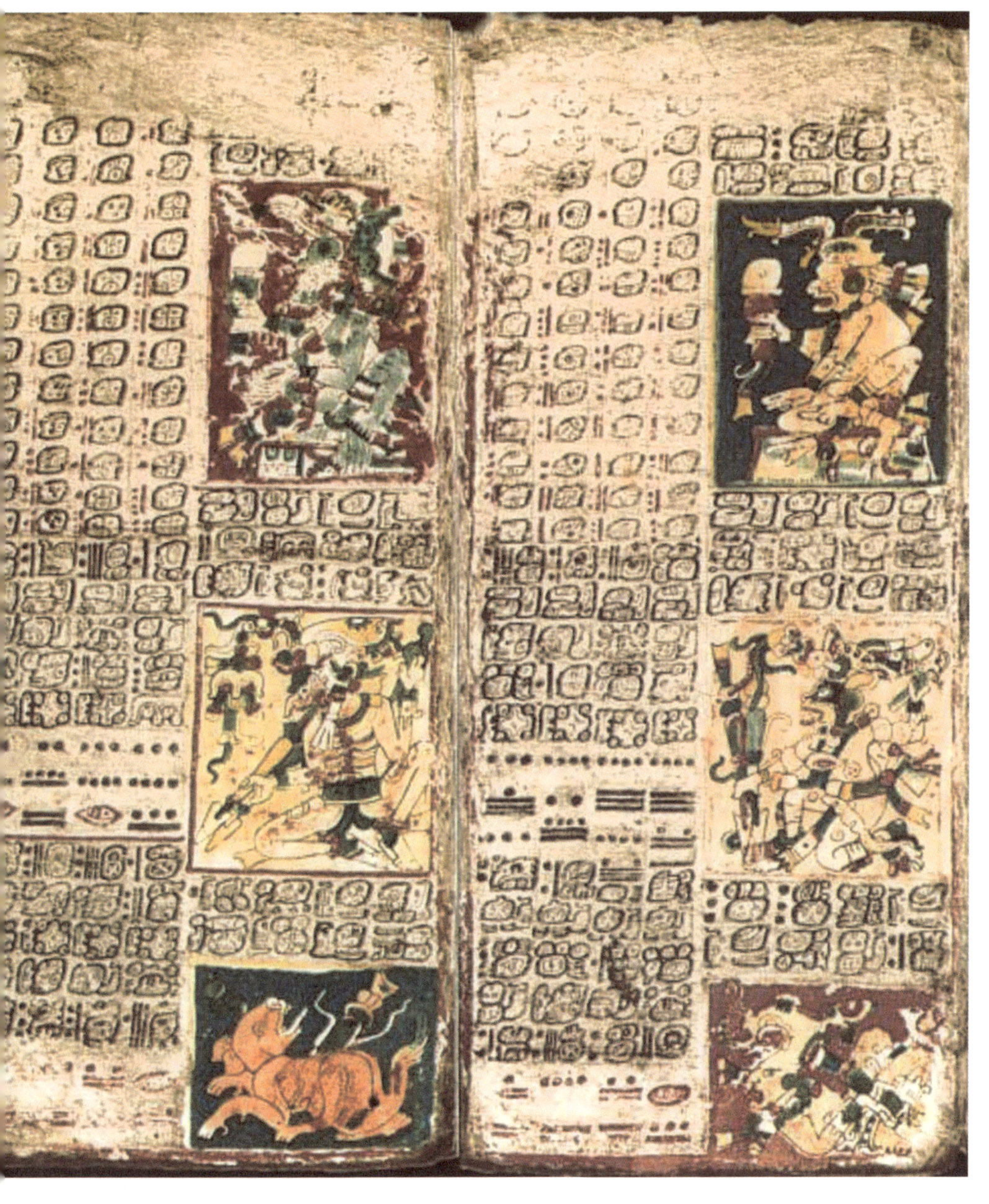

드레스덴 코우덱스: 금성테이블

사진＝Wikimedia Commons

들자면, 사툰사트와 아크툰 우실 같은 곳에서 이니시에이션의 제식을 거친 대제사장 계급에 의하여 이 코우덱스는 활용되었고 또 특별한 성소聖所에 보관되었을 것이다.

그롤리에 코우덱스가 마른 동굴 속의 나무상자 속에 들어있는 상태로 발견되었다는 것은 놀라운 일이 아니다. 그 동굴 자체가 제식을 목적으로 활용된 성스러운 곳이었기 때문이다. 마니의 광란 화염 속으로 사라지지만 않았어도 오쉬킨토크의 동굴 속에도 중요한 코우덱스들이 분명 있었을 것이다. 그러한 광란의 사태가 없었더라면 사툰사트의 미로의 신비에 관해서도 막대한 지식을 획득할 수 있었을 것이다. 코우덱스 단 하나로부터도 마야문명에 관해 그 많은 지식을 얻을 수 있었다. 만약 프란체스코 수도승들에 의하여 수백 권의 코우덱스가 불살라지지 않았다면 우리는 마야문명에 관한 얼마나 많은 지식을 얻을 수 있었을까? 생각하면 생각할수록 분통이 터진다.

마야문명은 아직 제대로 해석되지 않았다

마야문명은 얕잡아볼 것이 아니다. 그 고등한 돌건축물의 외형만 보아도 그 내면의 복잡한 가치체계는 우리에게 전

혀 해석이 되고 있질 아니한 것이다. 이 외관과 내부의 어긋
남의 출발이 란다의 종교적 광기였다. 란다가 마니에서 저지
른 일들은 극악무도한 문화적 제노사이드였다. 마니는 시초
에 불과했다. 마야문명권 전역에 펼쳐져 있었던 프란체스코
수사들은 그들의 광란을 유카탄반도를 넘어서서 과테말라와
벨리즈 전역, 그리고 온두라스, 엘살바도르, 그리고 멕시코의
치아파스주 일부 영역에까지 넓혀갔다. 제주도 이재수의 항
쟁을 불러일으킨 파리외방전교회의 만행에 비교해볼 수도
있겠으나, 이재수의 항쟁을 불러일으킨 프랑스 신부들의 만
행은 로칼한 사건이었지만 프란체스코수도회의 만행은 한
고등한 문명 전체를 멸절시키는, 아니, 인성 그 자체의 가치
를 말살시키는 악행이었다.

마드리드 코우덱스

마드리드 코우덱스는 제식적 알마낙으로만 구성되어 있
고, 천문학적 테이블이 없다. 이것은 롱 카운트Long Count 날
짜가 코우덱스 안에는 발견되지 않는다는 것을 의미한다. 마
드리드 코우덱스는 놀라웁게도 112페이지나 되며, 살아남은
코우덱스 중에서 가장 긴 코우덱스이다. 마드리드 코우덱스
는 드레스덴 코우덱스보다 늦게, AD 1,400년경에 성립한 것

으로 보인다. 양자는 모두 출신지가 비슷하다. 유카탄반도의 북부와 서부를 의미하는데, 구체적으로 치첸 잇차, 우쉬말, 마야판, 오쉬킨토크로 비정된다. 내가 현재 살고있는 지역에서 모두 가까운 지역이다.

【마드리드 코우덱스】
마드리드의 아메리카박물관 전시품(복사본).

마야 블루

마드리드 코우덱스(1860년경 스페인에서 발견됨)의 유니크한 특성은 날씨와 화학적 변화에 저항하는 마야블루라는 청색 물감을 대대적으로 잘 활용하였다는 것이다. 마야블루는 암청색물감인 인디고로부터 추출된 천연의 식물염료를 팔리고르스키테palygorskite라는 점토와 융합시켜 만든 염료인데 터키옥색의 청록감이 배어있는 생동하는 푸른빛을 발하는 귀한 소재이다.

팔리고르스키테 점토는 유니크한 침투성의 광물질인데 겉으로 보기에는 백색이지만, 그 백색의 배면에는 잿빛, 노란색, 초록색의 질감이 배어있다. 이 특수광물은 유카탄이나 멕시코에서는 잘 발견되지 않는다. 그러나 재미있게도, 우쉬말Uxmal에 가까운 티쿨Ticul 지역에서 발견된다.

티쿨에 사칼룸Sacalum이라는 타운이 있는데, 그곳에서 안료를 생산하기 위한 광물점토가 풍부하게 생산된다. 그 타운의 이름 자체가 "흰 땅"이라는 의미이다. 삭 루움*sak lu'um*이라는 미네랄을 가리키는 말이 변하여 사칼룸이 된 것이다. 이 염료는 치첸 잇차의 성스러운 쎄노테에서 이 염료의 침전물이 발견되고 나서부터 성스러움의 의미를 지니게 되었다. 이 쎄노테 속으로 동물 혹은 사람의 희생제물이 던져지면 "마야 블루"의 색소 또한 제사 아이템의 하나가 되었다. 디에고 데 란다 본인이 그의 저술 속에서 인간희생이 이루어질 때 제물 과 돌제단이 모두 마야블루의 염료로 도포된다고 쓰고 있다. 사람을 죽이기 전에 마야블루의 염료를 발랐던 것이다.

보남파크 치아파스에 보존된 마야블루물감 그림

 미루의 마야문명 탐험

마드리드 코우덱스에 간직된 마야사람의 삶

마드리드 코우덱스에 관하여 나에게 가장 흥미를 유발시키는 측면들은 마야인들의 일상활동에 관하여 도해가 이루어지고 있다는 것이다. 옥수수를 심는다든가, 옷감을 짠다든가, 사슴을 사냥한다든가, 도기를 만든다든가, 나무로 입상을 만든다든가, 불을 지핀다든가, 목욕을 한다든가, 시카르*sikar*라 부르는 담뱃잎을 말아 연기를 마신다든가 하는 모든 생활의 예지가 들어있다. 우리가 현재 피우고 있는 씨가나 씨가렡이 모두 마야문명에서 비롯된 것이다. 그리고 양봉에 관한 것도 있다. 침이 없는 토착적인 마야벌종자를 키우는 것을 다루

전통적 마야방식으로 키우는 멜리포나 벌 양봉

고 있는데 그 중에서 가장 중요한 벌종자는 멜리포나 베에치*melipona beecheii*이다. 이것은 마야말로 슈난 캅*xunáan kaab*이라고도 부르는데, 그것은 "고귀한 레이디 벌noble lady bee"이라는 뜻이다.

통나무 속의 멜리포나 벌의 집구조

마야문명에서 벌은 존경받는 고귀한 존재였다. 그들이 생산하는 꿀은 매우 중요한 의료품인 동시에 제식과정에도 꼭 들어가는 것이었다. 그리고 생명의 다변화(biodiversity)를 위하여 꼭 필요한 존재였다. 마드리드 코우덱스의 몇 페이지는 어떻게 움푹 파인 통나무 속에 벌들이 집을 만들고 살게 만드는가에 관한 지혜를 가르쳐주고 있다. 푹 파인 통나무의 입구는 둥근 나무마개로 막아놓았다. 벌들이 우리가 보는 벌들과 달리 파리만 하고 쏘지 않는다. 평화로움의 극치라 할 것이다. 이들의 둥근 통나무 벌집은 우리가 생각하는 전통적인 벌집과는 매우 다르게 생겼다. 코우덱스는 일년 중 언제 꿀을 채취하는가에 관한 것도 말해주고 있다.

최근 나는 이 토종벌만을 키우는 양봉장을 알게 되었다. 이 양봉장은 통나무 벌집의 전통적인 양봉방법을 고수하며 모든 것을 옛 방식대로 한다는 신념을 가지고 있었다. 그 양봉장은 그 많은 곳 중에 바로 마니에 자리잡고 있었다. 놀라움게도 그 양봉장의 주인은 마야인의 혈통을 받은 혼혈인이었는데 로마 카톨릭의 신부였다. 이름을 파더 루이스Father Luis라고 했는데 멜리포나 벌의 보존과 전통적인 친환경 농업을 추구하는 에콜로지의 소신이 있는 인물이었다.

10

마야문명은 계속되고 있다

루이스 신부, 차 차악 제사

전통양봉을 지키는 루이스 신부Father Luis는 스페인의 식민지역사와 유카탄반도에 남아있는 마야의 토착적 문화의 혼합을 상징하는 기묘한 삶의 한 본보기라 할 것이다. 아직도 80만 정도의 사람들이 마야언어의 유카탄 근대의 변형이라 말할 수 있는 토속언어를 사용하고 있다. 그리고 이 사람들 중 대부분의 사람들은 본인들 스스로 카톨릭 신앙을 가지고 있다고 생각하고 있다.

일례를 들자면, 차 차악Ch'a cháak이라는 의례가 있는데, 이 의례는 지금도 시골에서 행하여지고 있다. 이 의례는 주로 기우제의 기능을 가지고 있는데, 풍요로운 밀파*milpa*(마야전통의 옥수수밭)를 지켜주며, 옥수수의 성공적인 수확을 위하여 행하여지고 있는 것이다. 이 차 차악 류의 제사는 명백하게 스페인침공 이전의 마야신앙과 연속성을 지니고 있는 것이다. 그러나 재미있는 사실은 그들 자신이 진실한 카톨릭의 신자라고 생각하면서 제사를 올리고 있다는 것이다. 그리고 그들은 제사를 지낼 때에 농부 이시도레(Isidore the Farmer), 대천사 미구엘(Archangel)과 같은 카톨릭 성자들을 마야의 우신雨神 차악이나, 신화적인 난장이 추물인 알룩스*aluxes*, 윰 발람Yum Balam과 같은 지킴이 정령, 밀림의 왕자 재규어와 동차원에서 함께 봉헌한다는 것이다.

루이스 신부Father Luis의 마야전통식 양봉장

이 제사장 직종은 현재 사라져가고 있기는 하지만, 이러한 제식을 행하는 마야사제나 의료인은 흐멘*jmeen*이라고 불리는데, 사람들에게 존경을 받으면서 엄존하고 있다. 흐멘들은 전통적으로 그들의 공동체를 위하여 다양한 의례나 공동체의 삶에 필요한 서비스를 제공해왔다. 그들은 그 지역에 특수한 의료용 식물에 관하여 매우 유용한 지식을 가지고 있으며, 어떤 이들은 "매우 용한" 의사로서 존경되어왔다. 그들은 손목에 뛰는 맥박으로써 환자의 건강상태를 진단한다든가, 침술을 활용할 줄을 안다. 맥진과 침술이 마야 고유의 것인지, 근세에 아시아에서 전래되어온 것인지는 명백히 알 수 없으나, 그들 나름대로의 고유한 체험과 비방이 있는 것은 확실하다. 맥진은 자기들 고유의 전승이라고 주장한다.

불행하게도 지금은 순결한 흐멘은 찾아보기 힘들다. 젊은 세대들이 도시의 근대적 교육을 받기를 원하고, 전통적 가문을 통하여 전수되고 있는 고래의 비법을 배우고 있질 않기 때문이다.

하여튼 종교다원주의나 혼합종교의 현실은 여기 유카탄

에서도 리얼하게 찾아볼 수 있다. 란다는 결코 마야문명을 죽이지 못했다. 란다의 광란에도 토착문화의 전통은 면면이 흐르고 있는 것이다.

근세적 마야제사의 흔적과 만난 나의 개인적 체험을 새롭게 설명하기 위해서는 나는 오쉬킨토크에서 멀리 떨어지지 않은 아크툰 우실Aktún Usil이라는 제사동굴을 불러내지 않을 수 없다. 2022년 6월, 이스탄불에서 온 친구 한 명이 나를 찾아왔을 때, 나는 그녀를 아크툰 우실로 데려갔다. 태양은 이미 가라앉고 있었고, 그녀를 데리고 야생의 수풀 속을 헤치고 걸어가는 느낌, 그리고 어둠 속에서 동굴의 거대한 아구리로 들어가는 느낌은 오싹한 음습의 기운을 우리를 휘감았다.

아크툰 우실의 체험

그때 우리에게는 아무런 장비도 없었고, 준비도 없었다. 그냥 맨몸으로 동굴 속의 명문(inscriptions)이나 돌조각품을 탐색하겠다고 들어왔을 뿐이며, 우리는 공포영화의 한 장면에서나 나올 법한 분위기에 대하여 공포감을 줄이기 위해 어린 학동들이 떠들듯이 킥킥거리고 있었다. 나의 친구가 쎌폰의 전등불로 무엇인가를 발견하고 소스라치듯이 소리쳤다.

그녀가 발견한 제사단 위에는 청록색의 깃털로 수북하게 이마를 덮은 두 마리의 모트모트새(motmot bird)의 머리가 깨끗하게 잘린 채 큰 반석 위에 놓여있었고, 그 옆으로는 새의 날개깃털이 진열되어 있었다. 그들을 바라보건대, 그들은 우리가 발견하기 몇 시간 전에 붙잡혀서 죽임을 당한 것이 분명했다. 모든 것이 생생했다. 우리는 낄낄거리는 것을 멈추고 그 광경을 경외감 속에서 바라보았다. 아마도 그것은 블랙 매직(나쁜 목적을 위한 주술)이나 쏘서리sorcery(악령의 힘을 빌리는 마술), 하여튼 좋지 못한 목적을 위한 주술의 희생이 된 것 같았다. 주변을 둘러보니, 방울뱀이 벗은 허물이 1미터 반의 기다란 길이로 놓여있는 것이 보였다. 순간 밑을 내려다보니 우리의 발이 허수룩한 샌달을 신은 채 노출되어 있었다. 나는 오싹했다. "야! 나가자!"

로헬리오의 해석에 깃들어 있는 모순

내가 목도한 것에 대해 보다 상세한 설명을 얻기 위해서, 나는 오피첸Opichen이라는 동네 출신의 노인인 로헬리오 쿠이Rogelio Cuy에게 전화를 걸었다. 그는 칼케토크의 동굴들을 관장하고 있는 사람이었다. 쿠이야말로 이 지역에 있는 다른 동굴을 나에게 보여준 장본인이었다. 그 다른 동굴의 설명에 있어서도 쿠이는 쏘서러들이 저주를 외친 곳이라고 말했었다. 그런데 내가 이스탄불 친구와 간 곳은 더 사악한 아주 나쁜 샤만들의 장소였다고 설명해주었다.

그 나쁜 샤만들은 사탄을 숭배하며 우리가 발견한 것과도 같은 동물의 머리를 활용하여 타인에게 해를 가하기 위한 사탄적인 제식을 행한다는 것이었다. 아마도 우리나라 궁중이나 한무제 때 성행했다 하는 무고巫蠱와도 비슷한 술수였을 것이다. 그 사악한 샤만은 사탄에게 전적으로 봉직하며 완벽하게 자신을 비우기 때문에 동물로 변하기도 한다는 것이다. 나는 로헬리오에게 물었다: "이 사악한 술수가 마야전통으로부터 온 것입니까? 이게 마야 것입니까?" 놀라웁게도 로헬리오는 명백한 답변을 주었다:

"그렇지 않소. 사악한 것은 서양사람들이 오고나서 생겨난 것이오. 악은 근대 이후의 것이오."

카톨리시즘의 의식체계가 원초적 종교의식을 곡해한다

나는 로헬리오의 답변에 대해 좀 깊은 연구를 해야만 했다. 로헬리오도 대부분의 토착민들이 그러하듯이 카톨리시

즘에 의하여 영향을 받았다. 란다 주교가 주입한 가치관에 의
하여 세계를 바라본다. 모든 종류의 마야주술을 부정적으로
보고, 모든 마술은 사탄의 작용으로 간주한다. 그럼에도 불구
하고 그의 생각은 상호모순적인 말로 이루어졌다. 나의 연구
의 궁극적인 결론은 이러하다: 로헬리오가 말하고자 하는 고
문명 마야의 모습은 그것이 어떠한 행위의 형태를 지녔든지
간에 통속적인 선·악의 평가를 뛰어넘는 원초적인 그 무엇을
말하고 있다는 것이었다.

아흐플 야흐와 와이

영적으로 동물과 내통하는 무당, 동물들의 눈을 통하여
보는 사람들을 "아흐풀 야흐*ajpuul yaaj*"라고 부른다. 이들은
흐멘(마야사제)의 어두운 짝(다른 이고)이다. 그리고 이들은 술수
를 써서 불행을 야기시킨다. 아흐풀 야흐는 자신의 정체성을
타인에게 밝히지 않는다. 그리고 아흐풀 야흐는 잠자는 동안
비밀스럽게 와이*wáay*라고 부르는 것으로 변모된다고 한다.
"와이"라는 것은 그가 잠자는 동안 콘트롤할 수 있는 영적 동
물(spirit animal)을 말한다. 그가 자고 있는 동안 동물이 죽으면
자고 있는 무당도 죽는다고 한다.

요즈음에도 이 와이*wáay*는 유카탄의 민속신앙이나 미신

적인 이야기들 속에 잘 등장하곤 한다. 이 중에서 제일 유명한 것이 우아이 치보Uay Chivo이다. "우아이"는 와이*wáay*의 현대적인 스펠링이고, "치보"는 스페인어로 "숫염소"를 의미한다. 이 우아이 치보는 아주 흉악한 짐승으로 알려져 있다. 그것은 반인간반염소의 동물이며 어둠 속을 자유롭게 헤매면서 좋지 않은 주문을 던진다.

그리고 우아이 페크*Uay pek*(마야말로 "개"를 의미), 우아이 케켄*Uay kekén*(마야말로 "돼지"), 우아이 코트*Uay Kot*(마야말로 "독수리")와 같은 다른 캐릭터도 있다. 이 전설들은 토착적인 민간 문화에 깊게 뿌리를 박고 있다. 유카탄의 사람들이 일상생활에서 "우아이!"라고 말하면, 그것은 옴붙어 재수가 없다든가, 겁먹는 감정을 나타내는 감탄사로 쓰이고 있다는 뜻이다. 이러한 신화적 의미가 예로부터 형성되어 현재의 일상에까지 전승되고 있다는 사실은 그리 잘 알려져 있지 않다. 스피리츄

【와이|*way*】

알 파워에 의한 메타모르포시스(변모)의 개념은 다양한 메소
아메리칸 문명을 통하여 보편적으로 알려져 있었다.

예를 들면, 톨텍Toltec과 아즈텍문명의 "나구알*Nagual*"이
라는 것도 여기서 말하는 아흐풀 야흐와 동일한 기능을 지니
고 있다. 고대마야에 있어서 와아이*wáay*나 와이*way*를 나타내
는 상형문자가 있는데, 그것은 "꿈꾸다"는 뜻을 의미한다.
마야예술에 나타나는, 표범이나 새, 또는 해골과 같은 도깨비
형태조차도 스카프를 두르고 있는 것이 있는데 그것은 알고
보면 와이인 것이다. 와이는 쉬발바Xibalba, 즉 저승의 세계에
서 살면서도 이승의 세계와 소통한다. 생각해보라! 고대마야
에 있어서 재규어는 극도로 존경받는 존재였으며, 뿐만 아니
라 저승의 세계의 힘을 상징했다. 우리는 이러한 막강한 힘을
자유롭게 불러낼 수 있고, 활용할 수 있는 아흐풀 야흐의 능
력을 다른 시각에서 조명할 필요가 있다. 그것을 단지, 쏘서
리sorcery니, 위치크래프트witchcraft니 하는 저급한 저주의 개
념으로 규정하는 것은 마야문명의 "힘"을 근원적으로 이해
하지 못하는 것이다.

신과 세계, 영과 육은 근원적으로 이원화될 수 없다

이것은 이승과 저승, 신(God)과 세계(World), 신과 인간을

이원론적 대립의 구도 속에서 바라보는 서구식 논리의 왜곡이라 할 것이다. 마술이니, 주술이니, 마법이니 하는 말들이 모두 서구적 가치관에서 생겨난 왜곡적 개념화의 산물인 것이다. 에너지 트랜스포메이션의 힘을 자연세계의 다른 종의 힘에 연결시켜 세상을 운영하는 방식을 고대마야문명의 지배자들은 터득하고 있었다. 그리고 흐메네스*jmeenes*의 힐링 파워에 대한 정당한 평가를 하고 있었다.

이 모든 사태의 종국적 결론에 타인을 해하는 무고적 측면이 있다손 치더라도, 아흐풀 야흐가 행하는 제식의 총체적 의미가 두려움과 공경의 대상인 초자연적인 힘에 참여하여 그 힘을 콘트롤하는 프로세스의 유기적 부분을 형성한다는 사실을 단순히 "악"으로 간주할 수 없는 것이다. 단순히 선과 악을 이원적 대립으로 보는 견해는 모두 서구기독교전통이 조장해온 것이다. 그러한 선·악의 이원구조는 마야문명의 진면목을 이해하는 데 방해가 된다. 우리는 란다의 음흉한 왜곡을 초극하여 그 너머의 순결한 마야를 보아야 할 것이다.

"김미루의 마야" 전시회
작품 해설(2023년)

노모존 Noh-Mozon

노모존은 마야언어로 "큰 소용돌이"라는 뜻인데 유카탄 주의 테코 지역에 있는 한 쎄노테의 이름이다. 그러니까 노모 존은 고유명사이다.

쎄노테는 석회암 암반의 붕괴로 지하수가 노출되는 거대 한 천연우물이다. 유카탄반도에 6,000개가 넘는 쎄노테가 존 재한다. 쎄노테는 6천 6백만 년 전에 대형 운석이 충돌하여 형성된 치크슈룹(거대운석구덩이) 분화구의 가장자리에서 많이 발견되는데 마야인들은 이 쎄노테를 식수원으로, 또 성스러 운 제사를 지내는 장소로 사용하였다. 물은 말할 수 없이 깨 끗하고 깊다. 푸른 빛이 인상적이다.

마야인들은 쎄노테를 지하세계의 입구라고 생각하였다. 쎄노테 주변의 붉은 색깔은 "캉캅"이라 부르는 붉은 흙만을 사용한 것이다. 마야의 대지를 화폭 위에 옮겨놓았다. 대지는 마야인과 우리의 실존을 잇는 성스러움의 근원이다. 마야인 의 근원을 거슬러 올라가면 고조선문명과 상통한다.

Noh-Mozon

159x120cm

오쉬킨토크 Oxkintok

푸욱 구릉지대의 북서쪽에 마야문명의 센터가 하나 있다. 오쉬킨토크는 그 도시 한가운데 있는 피라미드의 이름이다.

이 도시는 BC 6세기부터 AD 5세기까지 마야문명이 지배하고 있었다. 이곳은 관광객에게 알려지지 않아, 인적이 없기에 더욱 아름답다. 매우 중요한 고고학적 유적지이지만, 버려진 채 오직 야생동물들만이 적막 속을 오간다.

나는 밤중에 홀로 차를 몰고 가서 가파른 피라미드의 꼭대기에 오르곤 한다. 마야인들이 하느님께 제사를 지낸 그 꼭대기 평면에 드러누워 보름달을 쳐다보며 동시에 검은 정글의 지평선을 내려다본다.

정글의 지평과 보름달, 그리고 내 몸의 교감은 나를 무한한 우주로 떠밀어 보낸다. 엄청난 기의 소용돌이가 나를 감싼다. 현묘한 어둠의 천공 속에 별들이 어지럽게 반짝인다.

Oxkintok

159x120cm

사박하 Sabak-Há

사박하는 유카탄반도의 사칼룸 지역에 있는 원형의 연못인데, 개방적인 쎄노테라 할 수 있다. 물론 이 쎄노테도 6천6백만 년 전 운석의 충돌로 석회암층이 녹아내리면서 생긴 것이다. "사박하"는 "검은 물"이라는 뜻인데 그 연못의 깊이는 120m 이상이다. 아니, 그 깊이를 헤아릴 수 없다. 그 깊이를 잴려는 잠수부들이 여러 명 목숨을 잃었다. "검다"는 말이 헛말이 아닌 것이다.

나는 먼지를 뒤집어쓰며 어렵게 이곳을 찾았다. 4륜구동차가 있었기에 가능했다. 내가 갔을 때 이미 날이 어두웠고 계단이 망가져 연못가로 내려가는 것이 어려웠다. 간신히 연못에 도착했을 때, 그 표면이 까만 거울처럼 보였다. 낮에는 이 표면이 짙은 초록색으로 보인다. 그 심층은 맑지만 표층은 나뭇잎이 쌓여서 흐릿한 물이 되어 있는 것이다. 지하세계로 들어가는 입구로서 인식된 이 쎄노테는 신비롭기 그지없다.

우리 존재, 생명의 심원이라는 생각이 든다. 6천6백만 년 동안 두꺼운 지층에 쌓인 온 생명의 절규가 들리는 듯 하다.

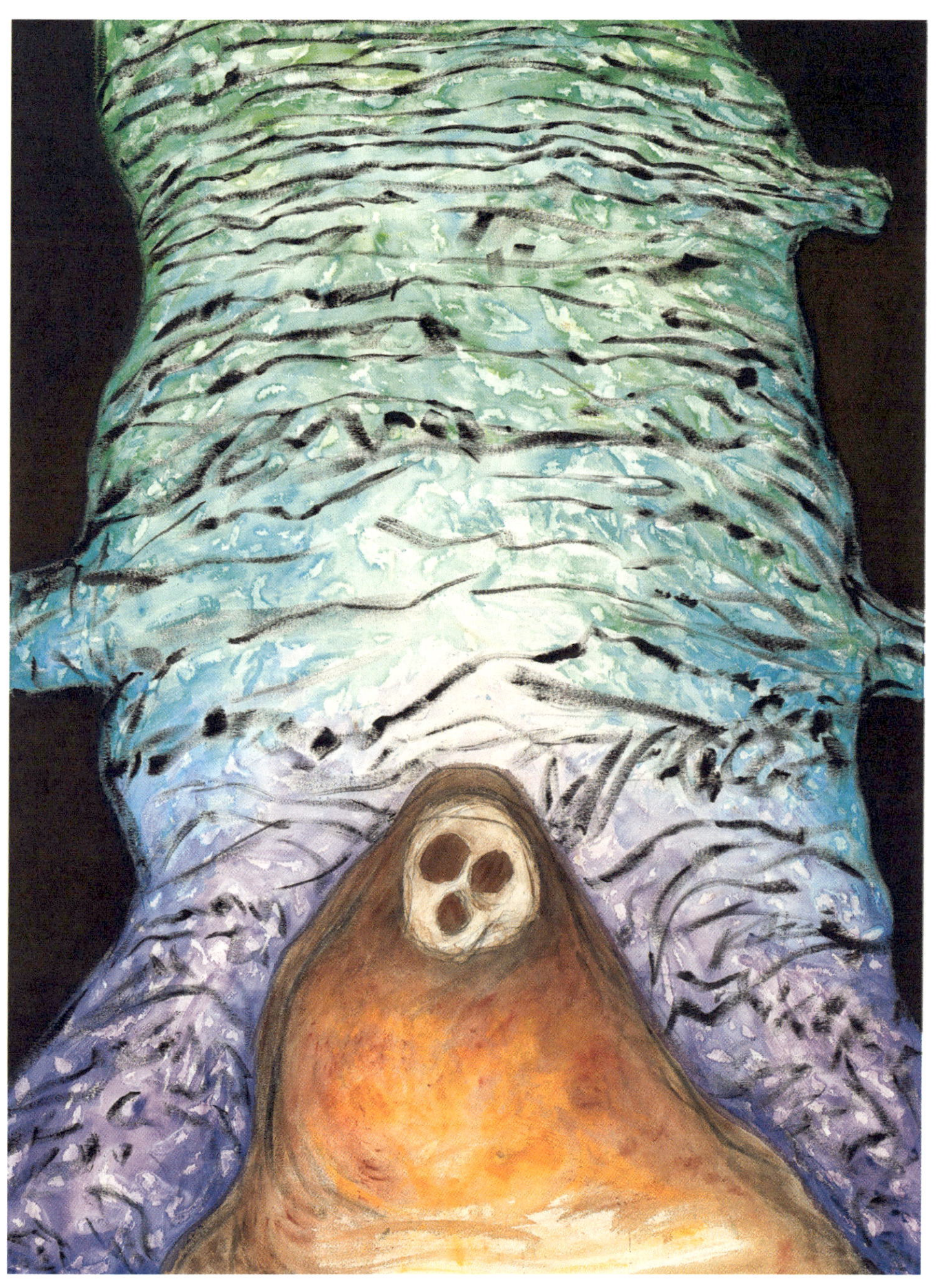

Sabak-Há

159x120cm

"짜브나"는 마야언어로 "방울뱀의 집"이라는 뜻이다. 테코 마을의 한 동굴에 붙여진 이름이다. 유카탄의 동굴에는 스페인 정복자들이 도착하기 이전의 마야문명의 모습을 나타내는 그림, 문자, 조각, 스텐실이 많이 남아있다. 이 동굴들은 마을의 아낙네들이 지키면서 입장료를 받는다. 그러나 관광객은 거의 없다.

아낙들은 뱀이 있는 곳을 가지 말라고 했다. 나는 뱀을 보호하는 과학자의 명분으로, 자연광이 미치지 못하는 새까만 물속으로까지 들어가서 어렵게 뱀을 잡았다. 뱀을 잡고 보니 그것은 멸종위기에 있는 특별한 장어류였다. 햇빛이 없기 때문에, 몸의 색깔이 없다. 하얗다 못해 핑크빛을 띤다. 시력이 의미가 없으니 눈조차 없다. 특별한 세계에 내가 와있다는 느낌을 받았다. 그 오묘한 영감을 화폭에 옮겼다.

오른편 중간 쯤에 손자국이 보인다. 그것은 이 벽을 장식했던 그림을 그렸던 사람의 인장일 것이다. 이 벽을 스쳐간 수없는 그림들이 연상된다. 인장은 말한다: "나는 너희와 같은 손을 가진 사람이다."

Tzabná

159x120cm

아크툰 우실 Aktun Usil

아크툰 우실은 오쉬킨토크 유적 가까이 위치하고 있는 큰 동굴의 이름이다. "아크툰 우실"이라는 이름은 "물감을 입으로 불어서 그리는 그림이 있는 동굴"이라는 뜻이다.

고대 마야인들은 손가락으로 모양을 만들어 고정시키고 그 위로 물감을 입으로 불어 그림을 그렸다. 손을 떼면 남는 네가티브 모양이 벽화가 되는 것이다.

이 그림들은 1200년 이상의 역사를 지닌 작품들인데 아무도 관리를 하지 않아 사라지고만 있다. 어린이의 손도 있고, 또 육손도 자주 눈에 띈다. 새 두 마리의 머리가 제물로 바쳐져 있는데 처음 볼 때 충격적이었다.

이런 제식도 카톨릭신앙 덕분에 사라지고 있다. 언뜻 우리 고구려벽화에 나오는 삼족오인 듯이 보이는 벽화의 형상은 마야문명의 쉬발바(언더월드) 신의 모습이다.

Aktun Usil

80x59cm

알루쉬 레 야아쉬체 Alux le Ya'axché

알루쉬는 마야문명의 신화, 그 코스모스의 주역이다. 알루쉬가 없는 자연은 존재할 수가 없다. 알루쉬는 생명의 정령이기 때문이다. 옥수수 농사를 지을 때도 먼저 알루쉬를 위한 집을 지어야 한다. 작은 초가집을 짓고 그 속에 빨간 흙으로 알루쉬 형상을 만든다.

알루쉬에게 음식을 바치는 제사과정이 오래 진행되면 알루쉬의 흙형상이 사라진다. 그러면 알루쉬가 사라지는 것이 아니라 살아 돌아오는 것을 의미한다. 알루쉬숭배는 7년만 지속된다. 7년 지나면 인간세에 해를 끼칠 수도 있기에 밀봉해버린다. 신도 선·악을 오가는데, 인간의 주체적 노력이 허락되는 것이다. 가운데 있는 나무, 야아쉬체는 우리말로 케이폭, 스페인말로 세이바라고 하는데 뿌리 근방 직경 3m, 높이 70m까지 자라는 거목이다. 유카탄반도에 매우 흔하다. 이 나무와 지하와 알루쉬를 연결하는 흙은 당지의 캉칸만으로 그린 것이다. 마야인들은 천상, 지상, 지하 3계의 코스몰로지를 지니고 있었는데 이 3계는 하나의 흙으로 통한다. 우리나라 단군신화와도 상통하는 측면이 있다. 과거에는 마야문명의 연대를 얕게 잡았지만, 지금은 고조선의 시대와 상통하는 고문명으로 본다(BC 2,000년 이전). 인류식량의 주요원이 마야에서 왔고, 농경, 천문학, 수학, 문자의 지식이 매우 정교했다.

Alux le Ya'axché

116.8x80.3cm

지우 Dziú

지우는 붉은 눈을 지닌 찌르레기새이다. 뻐꾹새처럼 다른 새 둥지에 알을 낳는다. 매우 사악하게 느껴지지만 마야인들은 자연현상에 대해 가치판단을 보류한다. 오히려 긍정적인 해석을 내리고 있다.

지우새는 지구상에 엄청난 화재가 났을 때 옥수수씨를 구원한 공이 있다. 지우새가 아니었더라면 옥수수는 불타 지구에서 사라졌을 것이다. 이 새는 원래 다양하고 아름다운 색조의 깃털과 갈색의 눈을 가지고 있었는데 대화재로부터 옥수수를 구원하느라고 새카맣게 타버렸고 눈은 빨갛게 변했다. 마야의 모든 새들이 감사한 나머지 지우의 후손들을 부화시키고 길러주겠다고 약속했다.

우신雨神인 염차악은 다른 새들이 맹세를 어기지 않는 증표로서 지우가 검은 깃털과 붉은 눈을 갖게 되리라고 선언했다. 옥수수는 멕시코에서 1만 년 전에 이미 농경산물이 되었다. 마야의 성경 포폴부에는 유대인 창세기 신화와는 달리 인간이 옥수수로 만들어졌다고 기술하고 있다. 마야는 인류 문명 6대 근원의 하나이다.

Dziú

79x60cm

치크슈룹(거대 운석구덩이)Chicxulub

멕시코, 특히 유카탄 하면 "K-T 멸절"이라는 우주적 사건을 잊을 수 없다. K-T라는 것은 백악기와 팔레오세 사이에 일어난 사건이라는 뜻이다. 6천 6백만 년 전 거대 운석이 지구에 충돌하여 그 낙진이 최소한 지구를 10여 년 덮고 있었던 기간 동안에 지구상의 식물·동물 4분의 3이 멸절한 사건을 의미한다. 태양에너지가 사라졌으니 그야말로 진정한 아포칼립스라 아니할 수 없다. K-T 멸절은 전 지구적인 사건으로 그 지층이 확실하게 드러남으로써 움직일 수 없는 사실이 되었다. 그 충돌지점이 바로 유카탄반도이다.

치크슈룹이라는 마을 가까운 곳인데 마야인들은 이곳을 "악마의 꼬리"라고 불렀다. 공룡은 이때 다 죽어버렸는데, 단지 소형의 익룡만 살아남았다. 그 익룡이 진화하여 닭이 된 것이다. 닭은 일반 조류로 분류될 수 없다. 내가 유카탄에 매력을 느끼게 된 것도 이 거대운석이 일으킨 지형의 변화가 나에게 특별한 영감을 던져주었기 때문일 것이다. 나는 이곳에서 닭을 키우며 살고 있다. 사라진 공룡을 생각하며 나는 내가 키우는 오골계를 지극히 사랑한다.

Chicxulub

59,5x79cm

페펨 Pepem

"페펨"이란 마야의 얼을 나타내는 나비를 일컫는 말이다. 메소아메리카의 문화에서 나비는 일반적으로 죽은 자의 혼으로 인식된다.

고대 마야문명에서 나비는 전쟁에서 죽은 용사의 혼, 혹은 제사에서 신성화된 자의 혼을 나타낸다.

어느날 오후 나는 노모존 쎄노테를 가기 위하여 정글 속의 아주 거친 비포장도로를 달리고 있었다. 이때 나는 수천수만의 나비에 의하여 감싸였다. 전 노정을 끝없는 나비떼가 나를 안내했는데 그것은 꿈속에서나 있을 수 있는 엄청난 광경이었다.

나는 항상 그러할 줄로 생각했다. 그러나 그것은 단 한 번의 사건이었다. 다시는 그런 나비떼를 만나지 못했다. 슬프도록 아름다운 추억이었다.

Pepem

60x79cm

유칼페텐 Yucalpetén

"유칼페텐"은 마야 말로 "사슴의 땅"이라는 뜻이다. 물론 그때는 사슴이 많아서 붙여진 이름이겠지만 지금은 개발로 사슴이 사라진 지 오래다.

현재 이 지역은 프로그레소 제1항에 연접한 제2의 산업항구로 개발되었다. 1989년에 6.5km에 달하는 긴 화물터미널과 부두가 건설되면서 유카탄 북부의 해안선은 침식되었고 아름다운 해변의 모래가 사라졌다. 부수되는 오염은 말할 것도 없다. 유카탄의 걸프 해변은 동쪽의 카리비안 해변 못지않게 아름답고 깨끗하기로 유명했다. 에메랄드 코스트로 알려졌다. 그런데 이런 해변들이 대규모 리조트와 콘도 개발로 사유화 되면서 전체 해변의 온갖 타락상을 노출시키고 있다. 작년(2022) 8월에 엄청난 적조현상이 일면서 수천 마리의 물고기 시체가 몰려왔다.

나는 시체로 덮인 해변을 걸으면서 여전히 아름다운 일몰과 제1 산업항의 부두에 늘어선 번쩍이는 전구를 바라보고 있었다. 그런데 멕시코정부는 올해부터 또다시 2억 달러 규모의 개발을 시작했다. 인간의 탐욕은 과연 무엇을 성취하려고 하는 것일까?

Yucalpetén

68.5x98cm

스페인 침략자들이 이 지역을 식민지화 하기 전부터 마야 사람들은 애니깽을 다양하게 사용하였다. 전설에 의하면 잇침나신(神)이 폭풍이 부는 밤에 애니깽에 부딪혀 그 날카로운 이파리에 발을 찔리고 버히고 말았다. 잇침나신의 시종들이 너무 화가 나서 그 잎을 자르고 짓이기고 하다가 펄프로 만들었는데, 잇침나신이 그 효용을 인정하여 주민들에게 사용법을 가르쳤다.

19세기 산업혁명과 더불어 애니깽 섬유산업은 "그린 골드"라고 불릴 만큼 주요한 수출원이 되었고, 북부 멕시코, 쿠바, 중국 등지에서 노동자를 불러왔다. 1905년에 1,033명의 한국인이 유카탄반도에 도착하여 노예보다도 못한 대접을 받으며 강제노동에 징집되었다. 이들은 일제강점의 비극 속에서 오갈 데 없어 결국 이 마야 지역의 동네에 살면서 동화되었다. 지금도 한국인 핏줄의 원주민을 만날 수 있다. 전면의 건물이 퇴락한 애니깽 섬유의 공장이고 밑에 붉은 캉캅흙으로 그린 바닥에는 애니깽 섬유가 들어있다. 김호선 감독, 장미희 주연의 영화도 이 주제를 다루고 있다.

Henequen

119x79cm

쿠쿨칸 K'uk'ulkan

"쿠쿨칸"은 유카탄 마야문명에서는 매우 고귀한 신성으로 대접받는 뱀이다. 이 뱀은 날개가 달려있어 하늘을 다닐 수 있고, 또 지상과 지하를 연결하며 다닌다.

마야 벽화에는 신적인 세계와 교통하는 수단으로 뱀의 중개가 그려지고 있다. 쿠쿨칸은 제우스처럼 신 중의 신으로 존경받지만, 쿠쿨칸의 컬트제식에 관한 것은 거의 알려져 있지 않다. 치첸 잇차의 피라미드에는 춘분·추분에 많은 사람이 몰려드는데 그때에 거대한 뱀 형상의 그림자가 계단을 하강한다고 한다.

이 지역에 실제로 독사가 많은데 나도 사진작품 하러 깊은 정글 속에 들어갔다가 맨발로 뱀을 밟기 직전까지 간 적이 있다. 뱀은 잠을 자고 있었다. 나는 잠자는 뱀을 위하여 썩은 코코넛나무로 집을 만들어주었다. 그곳의 주민들이 매우 위험한 짓을 했다고 말한다. 그 뱀은 어느 순간에 튀어올라 물 수도 있다고 한다. 한국사람이 호환의 주범인 호랑이를 경배하는 것과 같은 멘탈리티가 나에게 있었던 것일까?

K'uk'ulkan

59.5x79cm

쌍 크리스토발 San Cristóbal

메리다는 유카탄반도의 수도이다. 그 수도의 역사적 센터에 쌍 크리스토발이라는 성당이 있다. 1757년에 짓기 시작하여 1796년에 완성되었다. 이 성당은 성모 마리아를 의미하는 과달루페에게 봉헌되었다.

과거에 이곳은 매우 부유하고 고급스러운 동네였지만 지금은 마을사람들이 북적대는 시끄럽고 서민적인 동네가 되었다. 나는 이 서민적인 분위기가 좋다. 1840년에 영국 탐험가가 쓴 기록에 의하면 이 교회 앞의 광장에서 스페인식 대규모 투우가 벌어졌다고 한다. 이 투우는 마야인들이 염소희생을 한 제식과 결합하여 특별한 의미를 지니게 되었다.

지금은 12월에 축제가 많이 열린다. 투우는 결국 살생인데 동정녀 성모 마리아 성당 앞에서 행하여진다는 것이 좀 아이러니칼하다. 지금도 시골에서는 투우가 행하여지고 있는데, 그것은 살생의 경기라기 보다는 공동체 나눔의 제식이라 해야 옳다. 내 그림 속의 소는 슬픈 표정을 짓고 있다. 문화적 행위는 다원적 차원에서 분석되어야 한다.

San Cristóbal

119x68cm

도올의 마야문명 탐험기

도올 김용옥

우리의 사랑하는 작가 이중섭李仲燮, 1916~1956의 그림에 "집떠나는 가족"이란 그림이 있다. 1954년작으로 기억되는데, 벌거벗은 두아들과 한복입은 부인을 달구지에 태우고 앞에서 작가자신이 소를 끌며 떠나가는 이 그림은 소를 몰며 하늘을 쳐다보고 있는 작가자신의 희학적 모습과, 텅 빈 소달구지 마루위에서 덩실덩실 춤을 추고 있는, 방금이라도 하늘로 날아갈듯한 그 신명나는 해학적 모습이, 아주 불분명한 선율로 단순하게 표현되어 있다. 그렇지만 이 그림이 나타내고 있는 외면적인 신바람과 해학성이 우리에게 감동을 주는 보다 본질적인 이유는 바로 그 선명한 붉은 색조에 배인 하늘의 기운에는 말할 수 없는 비극적 삶의 정조, 가족과 생이별해야만 했던 이중섭의 애틋한 혼이 촉촉히 젖어흐르고 있기 때문일 것이다.

내가 마야문명을 바라보는 정조의 이면에는 아마도 이런 해학성과 비극성이, 마야문명 자체에도, 그리고 그것을 가서 보는 나자신의 내면에도 흐르고 있었을 것이다. 나 역시 결혼을 해서 자식을 키운 사람이지만, 사랑하는 자식들과 많은 시간을 같이 보낼 수 없었던, 어릴때의 추억만이 나자신의 삶의 느낌의 강렬함의 이면에 간직되어 있는 그러한 행복한 비극성이 요번 여행의 주된 정조를 이루었던 것이다.

우리는 오랫동안, 참으로 오랫동안 한 식구 단출히 앉아있을 기회가 없었다. 다섯 식구가 다 같이 모일 수 있는 기회가 모처럼 주어진 이번 이국에서의 크리스마스 베케이션! 나는 용단을 내려 짧은 시간이지만 우리 가족만의 세계를 창조하기로 결심했다. 어디 가든지, 문명화된 세계속에서는, 그리고 한국이라는 사회와 연결된 공동체속에서는 여간해서 그런 세계가 발견되지 않는다. 그렇지, 떠나자! 돈이 좀 들더라도 훌쩍 떠나자! 많은 사람들이 내가 여행을 많이 한 줄 아는데, 사실 보통 한국사람들에 비하면야 세상구경을 적게 한 편도 아니겠지만, 결코 많은 세상을 본 사람도 아니다. 인도도 에집트도 중동도 동남아도 남미도 가보질 못했다. 우리에게서 가장 가까운 중국대륙도, 실상 그 대륙의 문명에 가장 선구적으로 정통한 한 사람이건만, 97년 여름 삼성그룹의 베세토 어드벤쳐의 초대로 상해 · 남경 · 북경을 한번 잠깐 다녀왔을 뿐이다(그때 내가 찍은 슬라이드를 도올서원에서 선보인 적이 있다).

미국에서 그래도 가장 돈적게 들이고 갈 수 있는 곳으로 생각할 수 있는 곳이 멕시코였다. 그래서 멕시코의 태권도 대부라 할 수 있는 문대원 사범님과 연락을 취했다. 그랬더니 내가 여행떠날 수 있는 그 시간에 문사범님은 가족사정으로 미국에 와 계신다는 것이다. 그러면서 나에게 전화로 추천한 곳이 카리브해를 안고 있는 유카탄 반도(the Yucatán peninsula)의 동북쪽 첨단에 자리잡고 있는 칸쿤Cancún이라는 리조트비치였다.

칸쿤은 1970년까지만 해도 원주민 100여 명이 살고 있던 조그만 어촌이었다. 해변이 육지에서 낫모양으로 기다랗게 뻐친 섬인데, 그러니까 양쪽이 다 바다인 셈, 하이얀 모래, 종려숲과 산호의 천국, 바닷물 같이 느껴지지 않는 카리브해의 따스한 물결이 점잖은 파고를 자랑하면서 푸르다못해 뽀이얀 옥색의 물보라를 휘날리는 곳, 그런 환상의 비치가 21km나 뻐친 이 칸쿤은 국제 관광단지화 계획에 따라 순식간에 세계적인 호텔의 유락시설이 들어선 번화가로 일변해버렸던 것이다.

그런데 나는 그런 관광단지에는 가고 싶질 않았다. 그리고 나는 칸쿤과 마야문명을 연결시킬 수 있는 아무런 사전지식도 가지고 있질 않았다. 그런데 바로 그 칸쿤이 마야문명 유적지의 한복판이라는 것을 알게되었을 때 주저없이 칸쿤행을 결정했다. 그래도 들어갈 돈을 생각하니, "야! 그돈가지고 뉴욕에서 브로드웨이 쇼나 실컷보고 차이나타운 이태리타운 재팬타운 코리아타운에서 실컷 때려먹기나 하자우!" "아! 그런 실리만 생각하단 맨날 빤할 빤짜에서 맴돌아요! 뉴우 익스피리언스! 가요. 이성의 기능이란 새로움의 발견아니겠어요? 가요!" 다섯명 비행기삯에 호텔값만 해도 눈물이 핑돌 판, 옹색한 한국인들의 대화는 항상 맴도는 곳을 맴돌 뿐, 끝까지 주저주저한 바도 아니었지만, 용감한 큰 딸 승중이가 콤퓨타 인터네트를 두드려 순식간에 비행기표를 사버렸고 칸쿤의 하야트호텔 3박4일의 숙식을 예약해 버렸다. 뉴왁에서 휴스톤공항을 거쳐 콘티넨탈 111편에 세시간 몸을 싣고 드디어 칸쿤국제공항을 근접해갈 때, 나에게 떠오른 것은 토인비의 『역사의 연구』 제2권 첫머리엔가, "도전과 대응"(Challenge-and-Response)의 비교문명론을

논구하는 자리에서 "자연의 회귀"(The Return of Nature)라는 소제목을 달았던 문장의 구절들이었다.

　1998년 12월 22일 대낮 12시반 쯤이었다. 몇시간 전까지만 해도 영하 10도를 넘는 미국 동부의 강추위에 몸을 으스스스 떨고 있어야만 했던 나에게 펼쳐진 열대림의 풍경은, "겨울에 수박을 길러먹는 불경不敬"에 격노하시는 정약용선생의 『악서고존樂書孤存』의 문장과 함께, 내 느낌속에 기묘한 아이러니를 자아냈다. 계절이라는 시간의 흐름에 순응하고 살아야한다고 하는 동양인의 예지를 거스를 생각은 꿈에도 하지 않았던 나였지만, 겨울의 한복판에 있던 나의 몸이 열대라는 뜨거움으로 이동하는 느낌에서 유발되는 몸의 활력이 결코 불쾌한 것이 아니라는 새로운 아이러니의 발견에 흐뭇하기까지 했던 것이다.

　비행기속에서 부지런히 겨울옷들을 훨훨 벗어 가방속에 꾸겨넣고 시원한 남방샤쓰로 갈아입으면서 고도를 낮추는 비행기의 창문을 내다보았을 때 우선 눈에 들어온 유카탄반도의 비치라인은 더할 나위없이 아름다운 풍경이었지만, 처음에 충격적이었던 것은 해변의 곡선안으로 내륙을 휘덮은 광막한 수림의 전개였다. 울창한 밀림이 높지도 않고 나즈막하게 균등한 짙은 색조로 거대한 평지를 뒤덮고 있었다. 꼭 이부가리를 친 내 머리처럼. 아프리카의 밀림과는 또 전혀 느낌이 다른 새로운 수림의 제물齊物이었다.

유카탄 반도의 숲

　　토인비의 도전과 대응의 도식이 말하려는 문명탄생의 골자는, 문명의 발생의 조건이 갖추어져 있는 편하고 아름답고 쉽고 비옥한 곳에서 결코 고등한 문명들이 발생하지 않았다는 것이다. 무엇인가 문명의 발생의 조건이 갖추어져 있지 않은 악조건의 기후나 자원상태에서, 그러한 도전이 있는 곳에서 비로소 문명이 발생했다는 것이다. 에집트문명의 발생도 그 주변의 비옥한 곳과 비교해서 악조건의 도전적 환경을 오히려 선택했다는 것이다. 이러한 에집트문명과 비슷한 실례의 하나로 그는 마야문명을 들고 있는 것이다.

　　마야문명의 탄생을 유발시킨 자연의 재앙, 그 도전, 그 챌렌지는 무엇이었을까? 그것이 바로 내 눈앞에 전개된 저 숲(the forest)이었던 것이다. 그 거대한 사원, 인류문명의 찬란한 유산, 우리의 눈을 부시게 만드는 불교예술의 정화, 캄보디아(크메르)의 앙코르와트Angkor Wat는 15세기 초에 버려진 후로 완벽하게 밀림속에 가려 있었다. 지금도 그것은 밀어닥치는 주변의 밀림과 싸우며 밀림 한가운데 우뚝 서있다.

왜 그 거대한 사원이 하필 밀림속에 지어졌는가? 왜 하필 아무도 살지않는 밀림 한가운데 그것은 서 있는가? 이러한 신비로운 사건에 대한 우리의 대답은 간단명료하다. 앙코르와트가 죽은 돌의 시체가 아닌 살아있는 공간이었을 당시 그 주변은 밀림이 아니었던 것이다. 크메르제국의 수도였고 그 수도의 한복판에 앙코르와트는 우뚝 서 있었던 것이다. 그러나 그것이 문명으로서 기능하기를 그쳤을 때, 자연이 회귀한 것이다. 문명은 자연의 밀림속에 그 자취를 감추고 만 것이었다. 영원히 회귀하는 자연의 위력앞에 문명은 곧 무릎을 꿇고 마는 것이다.

마야문명의 거대한 피라미드 · 사원이 밀림속에 우뚝 서있는 모습을 보면 우리는 이러한 거대한 유적이 아무도 모르는 숲속에 몰래 지어진 듯한 인상을 받는다. 허나 그것은 그 주변에 형성된 방대한 인간의 코스모스, 즉 도시문명의 센터였다는 엄연한 사실을 우리는 망각하고 있는 것이다. 그 주변의 그러한 문명이 밀림속으로 자취를 감추었다는 사실은 바로 그 도시센타를 제외한 모든 건물(서민주택)들이 최소한 석조가 아닌 것이었다는 것을 쉽게 생각할 수 있게 한다. 그 만큼 도시중심에 살았던 제사장 - 통치자계급과 서민사이에 엄청난 격절이 존재했다는 사실을 의미한다고 하는 해석을 가능케하는 것이다.

코판Copan, 티칼Tikal, 팔렌크Palenque의 거대한 마야유적들 주변이 완전히 밀림으로 덮혀있다는 사실은, 바로 그 밀림전역이 그러한 유적의 존립存立을 가능케 하는 문명의 세계였다는 것을 연상한다면, 그러한 오늘의 자연의 회귀는 바로 역설적으로 그러한 문명의 존립存立을 촉발시킨 자연의 도전을 웅변하는 것이다. 마야문명에 대한 도전은 바로 저 숲이었다! 오늘의 마야문명의 유적은 바로 그 숲의 도전에 대한 인간의 승리의 기념비적 트로피를 의미하는 것이다.

이러한 토인비의 학설에 대하여 엘스워드 헌팅턴박사Dr. Ellsworth Huntington는 이견異見을 제시한다. 엘스워드의 이론은 적도와 극 사이의 기후대의 위도적 변화의 주기에 관한 것이다. 마야문명이 흥기했을 때 그 중심지인 과테말라지역은 지금과는 달리 건조한 지대였다는 것이다. 건조기후대가 북상하면서 과테말라는 점점 습기가 차게 되었고 살기어려운 지역이 되었고 그에 따라, 마야문명은 멸망했다는 것이다. 이것은 기후의 변화에 따른 인간문명의 수동적 변화를 말하고 있으나, 역시 헌팅턴박사의 이론은 설득력이 빈약하다. 토인비의 학설이 꼭 문명발생의 유일무이한 조건을 설명하는 것은 아니라고 할지라도 토인비학설의 설득력은 마야문명의 성격자체에 내재한다는 것을 나는 확인할 수 있었다.

에집트의 피라미드는 일차적으로 기하학적 조형성의 산물이다. 그리고 그것의 궁극적 의미가 현실적 존재의 형태와 관련되어 있는 것은 아니다. 인간의 사후의 세계와 관련된 어떤 영적 연계를 나타내는 상징성이다. 허나 마야문명의 피라미드는 에집트의 피라미드와는 근원적으로 그 의미가 다르다. 피라미드를 부르는 마야말은 "위즈*witz*"다. 이 위즈는 곧 산山을 의미한다. 그들의 피라미드는 곧 신성한 산, 신성한 자연, 신성한 숲을 의미하는 것이다.

조선인들은 산신령을 "호랑이를 타고 있는 할아버지"로 표현했다. 사실 그 할아버지는 호랑이의 인격화다. 호랑이의 존재성存在性은 곧 숲의 생명력의 심화를 의미한다. 호랑이가 하나 존재하기 위해서는 멧돼지가 수백마리 살아야하고, 멧돼지 수백마리가 살기위해서는 다람쥐가 수만마리 살아야하고, 다람쥐가 수만마리 살기위해서는 도토리나무가 수백만 그루가 있어야 하는 것이다. 즉 호랑이의 존재성은 곧 숲의 연계성의 심화다. 그 심화는 반드시 영적인 현현(emergence), 즉 복합성을 구성하는 요소의 성격을 초월하는 새로운 성격의 현현을 의미하는 사태를 상징하는 것이다. 호랑이가 없는 산은 죽은(barren) 산이다. 그러나 실제로 인간에게 있어서 호랑이는 공포의 존재며 죽음의 사자며,

밭에 잠깐 놓아둔 귀한 외아들 동자 불알도 순식간에 잘라먹는 흉악한 놈이다(虎患). 다시 말해서 이러한 호환虎患으로 상징되는 자연의 도전에 대한 인간문명의 대응을 바로 삼신각의 호랑이 산신령이 웅변하고 있는 것이다. 인간은 자신의 비극을 희화할 줄 아는 천재天才들인 것이다.

마야인들에게 있어서 피라미드가 곧 산山이었다는 뜻, 그리고 피라미드를 구성하거나 그 주변에 서있는 수없는 돌의 기둥들이 나무를 상징한다고 하는 뜻은, 곧 그들의 문명의 센터인 피라미드성전의 의미가 바로 숲이라고 하는 자연의 도전에 대한 인간문명의 대응의 승리를 의미하는 것이다. 그리고 바로 숲에 대한 인간정복의 반사적 심리가 숲에

치첸 잇차의 피라미드 앞의 돌기둥

살고 있는 온갖 신神들에 대한 외경과 경외와 경배로 표출되고 있는 것이다. 토인비의 이론은 이 점에 있어서 적확했다.

　사실 요번 여행은 크리스마스 이브를 포함한 사흘의 일가족 나들이에 불과했다(1998. 12. 22~25). 내가 마야문명을 얼마나 보고 느낄 수 있었겠는가? 사실 요번 여행에서 더 깊게 남는 인상은 한가족이 모두 같이 단란하게 시간을 보냈다는 그 사실이다. 이제 모두 대가리가 큰 자식들과 떨어져 살던 부부가 한곳에 모였을 때, 개성이 강하게 형성된 지식인들의 기氣의 충돌현상은 부권父權이라고 하는 권위의 틀속에 복속하지 않는다. 따라서 애타게 그리던 만남의 실상은 이중섭의 소구루마의 광경과는 달리 희극적인 고집들의 아우성만 카리브해의 태양을 더 작열시키고 있는 그런 모습이었을 것이다. 우리는 칸쿤의 해변에서 해수욕도 즐겼고, 또 멕시코의 맛있는 음식도 실컷 먹었다. 그리고 나는 오랜만에 자식들의 행동거지에 대한 훈계도 실컷했다. 멕시코의 사람들은 그 곳이 관광지라는 사실을 감안해도, 관광지의 한국인들이 보이는 행태와는 달리, 순진하고 낙천적이고 불쾌감을 주는 행동이 없었다. 그리고 음식의 질이 결코 낮지도 않았다. 균질화되어버린 미국음식과 각양각색의 라틴계음식과 자극성높은 토속음식의 조화된 다양성은 미각의 풍족감을 제공하는데 결코 인색하지 않았다. 그리고 마야문명의 후예들의 평범한 얼굴들은 마야유적의 심볼들의 원형과 살아있는 의미를 찾기에 충분한 실마리를 제공했다. 인간은 모두 객화시켜 바라보면 참으로 성스러운 것이다.

아마도 요번 여행에서 가장 새로운 체험은 지상의 탐험보다는 바닷속의 탐험이었다. 우리 일가족은 하루 배를 대절해서 스쿠바다이빙을 즐겼다. 꿈에만 그리던 바닷속 여행! 스쿠바다이빙을 하기위한 절차적 교육을 받느라고 퍽 고생스러웠지만, 그리고 심해深海를 들어가는 공포감도 작은 것이 아니었지만, 바다에 풍덩, 용기를 내어 뛰어들었을 때 나는 바닷속이 내가 생각했던 그런 아름다운 꿈속의 오색영롱한 산호와 찬란한 비늘로 덮혀있는 고기들의 무도의 축제장이 아니라, 너무도 황량한 텅빈 세계라는데 충격을 금치 못했다.

마야 바닷속의 도올

바닷속은 생각보다 현묘玄妙했다. 찬란한 태양이 빛나는 푸른하늘의 현묘함이 아닌 죽음의 색깔이 감도는 음산한 현묘함이었다. 나는 바닷속에서 너무도 고독했다. 너무도 외로왔다. 아무것도 기댈 것이 없었다. 분명 내가 살아야 할 곳이 아니었다. 나의 존재의 진화의 기억이 나를 태고의 자궁으로 껴안아주는 그런 포근함이 결여된, 내가 이미 벗어나버린 세계였다.

그냥 다리로 걸어다닐 수 있고, 산소통이 아닌 그냥 맨코로 숨쉴 수 있고, 그리고 나무, 새, 바위가 같이 노니는 육지가 얼마나 나에게 있어서 자연스러운 곳인가? 그냥 마구 뛰놀 수 있는 육지가 얼마나 아름답고 편하고 좋은 곳인가? 새삼 육지라는 환경의 고마움을 느꼈다. 그렇지만 현묘한 바닷속에서의 그 날의 체험은, 앞으로 내가 반복할 수 있을지 모르겠지만, 승중이 일중이 미루와 같이 즐겼던 그 떨리는 순간들의 감흥은 일생 잊을 수가 없을 것같다. 그것은 분명 다른 세계였다. 그리고 그것은 분명 색다른 나의 존재의 체험이었다. 내가 말하려고 하는 마야문명도 분명 나의 상식이 기대했던 것과는 다른 세계였다. 그리고 그것 또한 나의 존재의 새로운 느낌이었던 것이다.

이 자리에서 내가 사흘동안 느꼈던 모든 것을 말할 수는 없을 것 같다. 내가 실제로 가본 마야유적은 우리가 칸쿤에 도착한 첫날 곧바로 가본 툴룸Tulum이라는 해변도시의 잔해와, 그 다음날 반듯하게 뚫린

고속도로 180번을 타고 달려가본 유카탄반도의 중간에 있는 치첸 잇차Chichen Itza라고 하는, 비교적 보존이 잘 된, 거대한 피라미드가 있는 종교－정치－문화중심의 유적, 이 두 개에 한정되는 것이다.

그리고 이 두 개의 유적이 모두 톨텍(the Toltecs of central Mexico)의 영향을 보여주는 것이며 마야문명의 수많은 유적중에서 비교적 최후기에 속하는 것이다(고전후시대, Post-Classic Period). 그러나 이 두 개의 유적만으로도 마야문명의 통시적인 측면과 공시적인 측면을 다 말하기에 충분했다.

통시적 측면이라 함은, 치첸 잇차의 유적은 눈에 뜨이는 주요 건조물이 비록 후기의 것이기는 하지만 그 주변으로 광범하게 형성된 많은 건조물들이 고전전시대, 고전시대의 축적된 양식(푸욱양식 등, the Puuc)들을 잘 보존하고 있다는 것을 말하는 것이다.

그리고 공시적 측면이라 함은, 이 두 개의 유적의 영상을 통해서 나는 북부·남부마야저지대(Northern and Southern Maya Lowlands)에 흩어져 있는 수없는 주요유적지(Mayapan, Uxmal, Kabah, Sayil, Labna, Jaina Island, Hochob, Palenque, Yaxchilán, Bonampak, Tikal, Copán 등지)에 나타나는 공통적 보편성의 심층구조를 파악할 수 있었다는 것을 의미한다.

마야문명 지도

사실 내가 본 이 두 유적의 이야기만 하려해도 나는 기나긴 견문기를 집필할 수 있을 것이다. 그렇지만 그것은 기행전문가나 사가史家나 여유로운 수필가들의 한담閑談에 속하는 것이다. 그리고 그러한 방면의 서물들이, 한국어라는 형태를 빌리지 않고 있다는 안타까움은 있지만, 알고보면 즐비한 것이다. 그렇다고 그러한 안타까움 때문에 그러한 서물의 내용을 한국말로 옮기는 작업에 나의 창조적 시간을 할애한다는 것은 양심이 허락치 않는다. 조금 전문적 관심을 갖는다면 마야문명에 대한 세계적 연구성과는 상당히 축적되어 있다. 문제는 나의 사흘동안의 유카탄반도에서의 체험이 나에게 마야문명이라고 하는 방대한 인류유산의 연구성과와 관련된 어떠한 확고한 관점과 관심을 촉발시켰다는 데 있다. 그것은 과연 어떤 것이었을까?

사실 나는 평소 매우 무지한 사람이다. 나의 좁은 관심이나 체험의 울타리를 벗어나는 사태에 대해 놀랍도록 무지하다. 그렇지만 나는 그렇게 무지할 수 있다는 나자신에 대해 항상 감사한다. 나는 부모님께서 명석하지 못한 두뇌를 조합해주신 것에 대해 아쉬움과 함께 고마움을 갖고 있다. 왜냐하면 때때로 무지는 깨달음을 크게 촉발시키기 때문이다. 나는 기실 콜롬부스이전(Pre-Columbian Civilizations)의 3대문명이라 할 수 있는, 아즈텍Aztec문명과 마야Maya문명, 그리고 잉카Inca문명의 지역적 구분조차 명확히 할 줄을 몰랐다. 알고보니 아즈텍은 15·16세기에 지금의 멕시코시티가 있는 중·남부멕시코를 중심으로 성행했던 문명이고, 잉카는 저 남미대륙의 태평양연안의 안데스 고지대, 그러니까 페루·칠레지역에 12~15세기에 성행했던 문명이었다. 아즈텍과 잉카 사이, 중미의 멕시코만 동쪽의 유카탄반도, 벨리즈, 과테말라, 온두라스, 엘살바도르를 포함하는 지역에 광범위하게 분포된 문명이 바로 마야문명인 것이다. 그리고 이 세 문명중에서 가장 인류대문명의 종합적 면모를 갖추었고, 장구한 역사를 자랑하는 문명이 바로 여기 문제가 되고있는 마야문명인 것이다.

마야문명은 연구가들에 의하여 보통 고전전시대, 고전시대, 고전후시대의 3기로 나누어 논의된다. 고전전시대(Pre-Classic Era)는 BC 2000~AD 250의 시기로 마야문명의 발생기에 해당된다. 마야문명의 발생에 관해서는 어떤 중국학자들은 중국고대 청동기의 문양과 마야문명의 석조건물양식의 문양의 놀라운 양식적 유사성(실제로 내눈으로 확인해 보아도 너무도 비슷하다)과 신화구조의 공통성 등을 들어 아시아대륙의 만주대륙 일족이 알라스카를 거쳐 대서양연안을 따라 중미로 이동한 것으로 주장하기도 한다. 하여튼 북방에서 대서양루트를 따라 남하했다는 설과, 또 안데스산맥지역으로부터 북상했다는 설과, 또 태평양쪽으로 배를 타고 건너온 모종의 유래가 있다는 설 등등은 마야문명의 유래에 관하여 통상적으로 언급되는 것이다.

허나 이러한 "민족이동설"은 근본적 발상이 제국주의적 귀속감의 과시에서 비롯된 졸열한 발상으로 인류문명의 출발을 곡해하는 "실체이동의 오류"에 속하는 것이다. 문명의 아키타입의 실체가 문명이전에 존재하고, 그것이 이동하면서 문명의 새끼를 친다는 발상은 현재의 고고학을 지배하는 공통된 오류다. 인류는 유사한 환경조건에서 유사한 행태의 삶을 영위하며 유사한 형태의 예술양식을 형성할 수 있다고 하는 사실은 인간의 보편성 즉 인간의 인식능력의 보편적·선험적·심층적 구조를 입증하는 것이다. 에집트의 피라미드와 문자와 천문학적 지식과, 마야문명의 피라미드와 문자와 천문학적 지식이 유사하다고 해서 에집트에서 사람이 배를 타고 마야까지 건너와야 할 하등의 이유가 없는 것이다. 빗살무늬, 민무늬, 채도, 흑도 운운하는 고고학적 논의가 때로는 하등의 가치없는 낭설일 경우가 많다는 것도 우리가 박물관을 지나칠 때 꼭 유념해야 할 상식인 것이다.

다음의 고전시대(Classic Era)는 AD 250〜AD 900년에 해당되며 이 시기야말로 마야문명이 전성기를 누린 시기며, 예술과 과학이 놀라운 진보를 이룩했던 시기다. 그리고 제3의 시기인 고전후시대(Post-Classic Era)는 마야문명이 쇠퇴를 거듭하면서 퇴락하는 시기고, 마야문명 저지대의 도시중심들이 대부분 멸망하고 드디어 스페인사람들의 침공(The Spanish Conquest, 1528~1542)으로 멸절된 시기를 말하는 것이다.(저지대란 멕시코 유카탄반도, 과테말라북부, 벨리즈, 온두라스북부의 열대림지대를 말하고 고지대란 과테말라남부, 온두라스남부, 엘살바도르의 산악지대를 말한다. 저지대가 먼저 쇠락했고 고지대는 계속 번창하면서 16세기 스페인침공에 완강히 저항했다. 고지대에는 돌단을 쌓아올리는 피라미드와 같은 복합적 건축양식이 나타나지 않는다).

마야문명! 나는 마야문명에 대해 별로 아는 것은 없었지만, 어려서부터 "마야"라는 자음과 모음의 소리의 조합에 대해 아주 특별한 환상적 느낌을 가지고 있었다. 그리고 아마도 나와 동시대의 체험을 공유한 우리나라의 지식인들은 모두 비슷한 느낌을 가지고 있을 것이다. 저 아메리카대륙의 밀림속에 남모르게 피어올랐던 찬란한 꽃, 고립되었지만 평화스럽고 유족했던, 수학·천문학·건축·예술·공예·기술의 고수준을 자랑했던 찬란한 고문명! 어느날 갑자기 철갑에 기마에 총포에, 성경에, 십자가에, 이단몰살에, 대책없이 당해야만 했던 서글픈 문명, 마야! 천주님을 내세운 기독교문명의 제국주의적 참혹한 죄악상이 유감없이 발휘된 인류사의 비극, 스페인의 말발굽의 풍진속에 영원한 침묵으로 사라져 버린, 인류의 명멸했던 꿈, 마야! 내가 어렸을 때, 천안극장에서 본 한두편의 외화도 그러한 제국주의적 참상을 고발하는 명화였다는 기억이 새롭다. 마야! 막연한 기억의 연쇄속에, 하루하루 밀어닥치는 조선대륙의 문명의 비극상 때문에, 마야까지 손볼 겨를은 없었지만, 마야! 그 이름을 떠올릴 때마다 무엇인가 애틋한 인간의 비극이, 못다 말한 순박한 원혼의 아우성이 소리없이 내 귓전을 때리곤 했었던 것이다. 괫씸한 서양놈들! 그래도 대원군은 손돌목(孫乭項)에 이른 미국함대에 대포라도 쏴보고 당했지만, 쯧쯧! 마야사람들은 스페인 놈들에게 소리없이 멸절당했대! 그래도 우린 일본놈들에게 광화문을 헐리고 마야피라미드에 해당되는 경복궁 근정전 앞에 조선총독부라는 새로운 피라미드가 앞을 가리웠어도, 결국 다시 헐어내버렸잖아? 그리고 조선의 국체라는 아이덴티티는 오늘까지 보존하고 있는 셈이 아닌가? 아니 스페인놈들 오죽 지독했으면 그렇게 한 거대문명의 씨를 말릴 수가 있었을까? 그렇게도 우라지게 지독한 놈들이 어디 있을까? 그렇게도 양심없는 놈들이 있을까? 왜놈들은 백운대정상에까지 쇠를 박고 온갖 풍수명당에 저주를 박았어도 조선의 귀신을 다 죽일 수는 없었는데,

스페인놈들은 얼마나 지독한 놈들이길래 마야의 귀신들을 모조리 박멸시킬 수 있었는가? 스페인놈들이 싸지르는 오줌이 떨어진 곳에는 풀도 안나나보지?

나는 어렸을 때부터, 좀 동정심이 많고 감성적으로 여린 사람이 되어놔서, 마야! 마야라는 단어를 떠올릴 때마다 가슴이 뭉클해지고 또 신비스러운 분위기에 휩싸여 모종의 이상향에 대한 무한한 동경심을 발동하면서, 죄없이 죽어간 그 문명의 평화로운 사람들에 대하여 한없는 연민의 정을 품고 눈물까지 흘렸던 기억이 난다. 그래서 마야문명을 이해해보리라하고 대학교시절에 토인비의『역사의 연구』열권을 원서로 사둔 기억까지 난다. 난 항상 좀 황당했다. 그 뒤로『역사의 연구』를 내가 전부 읽었을리 없고, 또 최근에 뒤져보니『역사의 연구』속엔 마야에 대한 언급이 극소했다. 우리 때는 모든 것이 오리무중이었고 모든 지식의 체계라는 것이 황당하기만 했다. 요즈음 대학생들은 참으로 복받은 정보시대에 살고 있는 것이다.

과연 한 문명이 타 문명의 침략으로 그렇게 완전히 소리없이 흔적없이 멸절될 수 있는 것일까? 문명이란 보이지 않는 것일진대, 물리적 멸절이상의 것일진대, 그것이 지속하고자 하는 생명력이 있는 것이라면 과연 멸절가능한 것인가? 여기에 우리가 한 문명을 바라보는 시각의 아주 상식적 소박한 측면을 교정해야만 할 필요성을 느낀다. 물론 현재 마야의 후예들은 인종적으로 살아남아 있을 뿐 아니라, 마야의 언어조차도 그들 삶에 보존되어 있다(남부멕시코, 과테말라, 벨리즈, 서부온두라스, 서부엘살바도르에 산재되어 있는데, 이 언어 그룹은 우아스텍Huastec, 유카텍Yucatec, 서마야, 동마야 그룹으로 4분되고 있다). 허나 이들에게서 치첸 잇차의 피라미드센터가, 조선인들에게서 경복궁이 갖는 의미조차도 시·공간적으로 전혀 의미하는 것이 아니라면 마야문명은 분명히 죽은 것이다. 그렇다면 그 문명의 멸절의 이유를 단순히 외래적 침략의 일시적 사건에 전폭적으로 전가시키는 것은 근본적으로 불가능하다. 물리적으로 전멸했을지라도 그것이 응집력의 생명을 갖는 것이라면 하시何時고 광복의 기운을 회복할 것이기 때문이다.

중국은 아편전쟁에도 중일전쟁에도, 인도는 영국의 삼백년통치에도, 조선은 일본인의 악랄한 삼십년통치에도 결국 멸절될 수 없었다. 그렇다면 우리는 마야문명의 멸절의 원인을 어디서 찾아야할 것인가? 나의 기철학적 해답은 아주 단순하다. 모든 기의 멸절의 원인은 그 기의 관계(그물)의 주체적 구조 자내自內에서 찾아져야 한다. 내가 어릴 때 상상속에 그리던 마야와, 내가 성숙해서 찾아 두 눈으로 직접 감지한 마야는 너무도 다른 마야였다.

마야는 피(Blood)의 마야였다! 마야는 평화(Peace)의 마야가 아닌 폭력(Violence)의 마야였다. 마야는 인간의 마야가 아닌 신神의 마야였다.

마야에는 문화가 없고 문명만 있었고, 문명은 없고 종교만 있었고, 종교는 없고 제식만 있었고, 제식은 없고 희생만 있었고, 희생은 없고 피만 있었다. 마야는 인간이 상상할 수 있는 최고 최대의 아이러니였다. 풀기 힘든 수수께끼였다. 백문불여일견百聞不如一見이란 아주 통속적 경구가, 나의 사흘동안의 작열하는 유카탄 태양아래 끄슬리는 방황의 모험을 아주 유익하게 만들어주었다. 나는 나의 어렸을 때의 막연했던 동경의 수수께끼를 하나 제거해버리고 칸쿤국제비행장을 탈출하는데 성공했던 것이다.

우선 상기의 시대구분부터 살펴보자! 마야문명은 우선 생각하는 것처럼 고문명이 아니다. 사실 고전전시대라는 것은 아주 소박한 촌락의 원시상태를 의미하는 것이며 뚜렷한 문명의 자취를 남기지 않은 것이다. 청동기를 남긴 은문명殷文明이나,『시경詩經』을 남긴 주문명周文明에는 비교될 수 없는 그런 소박한 상태의 문명이다.

그렇다면 우리가 알고 있는 마야문명의 정체는 주로 고전시대에 한정되는 것인데 고전시대란 중국 역사감각으로 말하면 관우·장비·조조가 싸우던 삼국시대로부터 당제국의 멸망시기에 해당된다. 그러니까 마야문명의 전성시기는 당현종唐玄宗이 양가녀楊家女와 놀아나고 이태백李太白이 월하月下에서 독작獨酌을 기울이던 즈음으로 생각하면 된다. 그러니까 경주남산에 흩어져 있는 불상, 그리고 석굴암의 느낌과 마야문명의 느낌은 그것의 상징적 구조와 의미는 차이가 있을지라도 바로 동시대적 사건(contemporary events)이라는데 우리는 눈을 떠야한다. 그리고 그러한 동시성의 구조속에서 인류문명의 공통된 축의 전개를 읽어내야 한다는 것이다.

마야는 결코 우리에게서 멀리 떨어진 과거가 아닌 것이다. 인류의 문명의 찬란한 전개의 축에 행보를 맞춰, 한漢제국의 분열로 불교가 유입되기 시작한 시기로부터 성당盛唐의 찬란한 불교미술의 전개가 이루어지기까지의 시기를, 같이 걸어온 근세의 문명인 것이다.

그런데 이 문명은 무슨 이유에서인가 이미 9세기말에 거의 멸절상태에 이르렀다는 것이다. 다시 말해서 스페인의 침공이 스페인국왕으로부터 아델란타도Adelantado라는 작위를 받은 프란시스코 데 몬테호Francisco de Montejo의 1528년 침략으로부터 시작된 것이라면, 이미 마야문명은 스페인사람들이 도착하기 6백년전에 이미 그 성세盛勢를 상실했던 것이다. 몬테호에게는 정복해야할 제국이 없었다. 조직적 저항도 없었다. 소부족들과의 게릴라전만 있었다. 스페인사람들은 아주 소규모의 병력으로 1542년 메리다Mérida에 수도를 세우는데 성공했던 것이다. 조직적 대규모의 저항이 없었다는 사실은 **우선 마야문명이 통일제국의 모습을 갖추고 있지 않았다**는 사실을 의미한다.

지금 남아있는 수많은 마야문명의 센터들은 각각의 부족들의 문명 센터일 뿐이다. 그리고 그들 센터간에는 신화적 공통성이 지배하고 있을 뿐이다. 마야문명은 단 한번도 통일제국을 형성하지 못했다. 다시 말해서 마야역사에는 진시황이 존재하지 않은 것이다. 마야역사를 통털어 가장 유명했고 실존성이 확실시되는 왕은 파칼Lord Pacal, AD 608~683과 그의 아들 찬 바아룸Chan-Bahlum이다. 그러나 파칼의 치세도, 멕시코 중부의 우수마킨타 강江과 리오그란데 데 치아파스 강 사이에 있는 팔렌크Palenque 지역에 한정되는 것이다. 그 지역은 마야문명의 유적들이 집중되어 있는 곳과는 먼 거리에 놓여있다.

성당盛唐은 안록산의 난으로 당현종이 사랑하는 양귀비의 목을 쳐야만 했을 때 그 성세盛勢의 기운이 꺾이기 시작했다. 그런데 왜 9세기말에(AD 900년을 전후로 하여) 한결같이 마야문명의 센터들은 황폐화 되었는가? 마야문명의 어마어마한 찬란한 센터들은 결코 정복과 피정복의 처절한 싸움의 현장의 흔적을 남기고 있지 않다. 그것들은 대부분 그냥 버려졌던 것이다. 그냥 사람들이 하나 둘 떠나기 시작했고 9세기말에 이르러서는 드디어 폐기처분된 것이다.

왜 그랬을까? 900년경의 마야문명 황폐화의 원인을 규명하기 위한 현재까지의 고고학적 발굴은 결코 뚜렷한 단서를 제시하지 못했다. 토인비는 말한다: "아마도 그 재앙은 그 사회자체내에 있는 어떤 인간학적 결함에 기인한 것처럼 보인다. 그렇지만 고고학은 그 재앙이 무엇이 었는가에 관하여 아무런 단서를 제공하지 않는다. 여태까지의 고고학적 발굴은 우리에게 마야의 멸망이 어떠한 종류의 폭력으로도 이루어진 것이 아니라는 것을 말해줄 뿐이다. 혁명이나 전쟁의 흔적이 없는 것이다."(Here, as elsewhere, the catastrophe is more likely to have been due to some human failure in Society itself; but Archaeology gives us no clue to what this failure was. It only tells us that the 'First Empire' of the Mayas did not perish by violence of any kind: not by revolution and not by war. *A Study of History*, Vol. I, p. 126.)

이런 말을 하는 나에게 혹자는 이런 의심을 품을 수도 있다. 그러한 설은 모두 서구의 학자들이 스페인침략의 잔혹성을 은폐하기 위한, 제국주의적 학문의 동료의식에서 나온 개구라에 불과하다. 과거의 진실은 영원한 침묵속에 놓여있다. 어떠한 거짓말도 가능하다.

허나 내가 확인한 것은 유물 그자체가 말해주는 진실이었다. 돌한조각, 유물 그자체의 진실, 그 이상의 진실을 역사에서 기대할 수 없다. 그것은 어떠한 문헌적 기록보다도 생생한 직접기록이다. 나는 마야문명의 멸망에 대한 명백한 해답을 즐비하게 널려져 있는 돌조각 속에서 찾아냈다.

나는 고고학이 찾아내지 못한 이유를 찾아내었던 것이다. 그것은

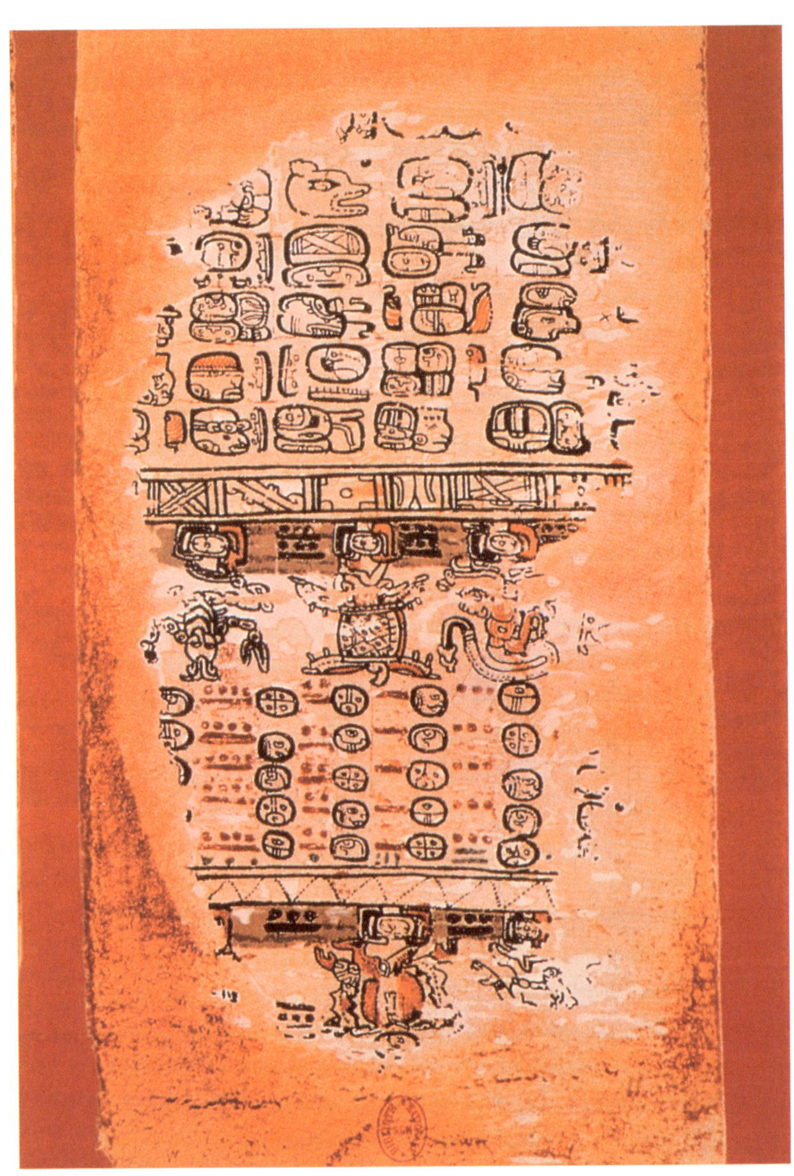

마야역曆을 나타내는 파리 코우덱스

과연 무엇일까? 그것은 과연 무엇일까? 그 해답은 너무도 명백했다. 그것이 바로 내가 말하는 피(Blood)였던 것이다. 피!

마야문명은 분명 고등한 문명이었다. 그 예술의 상징성과 채색벽화들의 색채감, 그리고 건축물들의 기하학적 조형성, 그들이 수에서 이미 제로zero라는 개념을 창안해내었다는 것, 그리고 일식·월식을 예측했고, 달의 변화, 비너스(금성), 마즈(화성), 쥬피터(목성)의 주기를 정확히 알았고, 태양력·음력·성력聖曆 등 다양한 칼렌더 시스템을 활용했다는 것(태양력은 20일 단위 18개월 더하기 불운일不運日 5일, 성력聖曆은 20일 단위 13싸이클로 전체가 260일, 그리고 윤달개념은 사용하질 않았고, 60갑자甲子대신에 52갑자를 썼다) 등으로 그 문명의 고등성과 체계성이 증명된다. 그리고 그들은 괴이하게 생긴, 마치 전국시대의 과두蝌蚪 문자보다도 더 복잡하고 회화적인 상형문자(hieroglyphic writing)를 사용했다.

얼마전까지만 해도 이 문자의 해독이 불가능했지만 최근 마야상형문자에 대한 다양한 접근 방식의 연구성과에 힘입어 그것이 과연 어떻게 발음되었는지는 정확히 재구되지 않는다 하더라도 현재 85%이상 그 의미의 해독이 가능해졌다. 1952년 러시아아인 유리 크노로조프Yuri Knorosov의 연구는 그 분수령을 기록한다. 그것은 중국의 형성자체계보다 더 복잡한 것으로, 뜻글과 소리글의 체계를 자유롭게 복합시킨 좀 불규칙적 체계인데, 대체로 소리글에 더 가까운 것으로 이해되고 있다.

마야문명에는 우리나라『조선왕조실록』에 못지않은 방대한 문헌이 있었다. 그런데 그것은 "코우덱스"라고 불리우는, 무화과나무껍질로 만든 종이를 병풍처럼 포개접은 책(옛날 중국 비단 백서帛書도 같은 양식이다)에 기록되어 있는 것이다. 1560년대 후반에 유카탄의 스페인 대주교를 지낸 란다신부(Fray Diego de Landa)는 다음과 같이 쓰고 있다: "이 마야사람들은 일정한 문자를 사용하고 있다. 그들은 이 문자로 과거의 일과 과학에 관해 책을 집필하고 있다. 이 문자로 쓰여진 코우덱스책들을 검토해본 결과, 그것들의 대부분이 미신과 흉악한 악마들의 거짓말 밖에는 없다는 것을 알게되었다. 그래서 우리는 그것을 남김없이 모조리 태워버렸다. 그랬더니 이 마야사람들이 놀라울 정도로 아쉬워했다. 우리의 분서가 그들을 그토록 상심케하고 애통케 할 줄은 몰랐다."

돌에 새겨진 마야문자

이 영원대대로 저주받을, 우라질 놈의 새끼, 란다대주교의 코우덱스 문서에 대한 분서가 얼마나 집요하고 철저한 것이었는지 그 방대한 문헌이 남김없이 태워졌고, 현재 오직 4개의 두루마리만 남아있다. 그것이 남아있는 지명에 따라, 드레스덴Dresden, 파리, 마드리드 코우덱스라고 불리운다. 단 하나의 그롤리어 코우덱스Grolier Codex만 현지에 생존하고 있다.

기독교의 배타주의의 몰상식함은 이토록 저주스러운 것이다. 란다대주교가 이 문헌을 그토록 집요하게 태운 이유는 그들의 문자가 단순한 문자만을 기록하는 것이 아니라, 그 이야기하고자 하는 주제와 관련된 회화적 문양들을 많이 삽입하고 있기 때문이었다(신의 얘기를 할 때는 신의 단순한 이름대신 그 모습이 그려진다. 그리고 오늘날의 삽화개념의 그림이 그려져 문자를 간략화시키는 방법을 쓰고 있다). 젖퉁이가 요염하게 불거진 젊은 달신(Young Moon Goddess)의 모습이라든가 많은 다른 신들의 모습이 흉악한 이단의 이야기라고 생각되었고 야훼하나님 만신의 경배를 위하여 이런 잡신들의 모습과 기록은 철저히 불살러져야 한다고 믿었기 때문이었다. 참으로 잔인하고 무도하고 몰상식하고 파렴치하고 잔악한 야훼하나님의 똘만이들의 악행의 전범이지만, 돌이킬 수 없는 이 만행의 업으로 마야의 과거는 신비의 미궁으로 미궁으로 빠져들어 간 것이다. 이에 비한다면 4대 사고史庫를 만들어 사실史實을 비밀리에 봉안하여 전화에 대비할 줄 알았던 조선왕조인의 역사의식이 얼마나 후세인들을 위한 깊은 배려의 소산이었나를 새삼 느끼게하는 것이다.

우리민족의 시조신화인 단군의 이야기는 일연一然이라는 실존성이 확실한 훌륭한 스님(종교인)에 의하여『삼국유사三國遺事』라는 책에 기록되고 있다. 그 책의 제1권은 왕력王曆이라고 하는 왕들의 연표로 구성된 것이고, 제2권은 "기이紀異"라고 하는 제목이 붙어있다. 바로 단군신화는 기이의 첫사례로서 고조선古朝鮮 왕검조선王儉朝鮮 조條에 실려 있는 것이다. "기이紀異"라는 말을 해설하는 일연스님의 "서敍"에 이르기를, 원래 예악禮樂과 인의仁義를 말하는 성인聖人의 나라에서는 괴력난신怪力亂神은 있어도 이야기하지 않는 것이 원칙이지만, 제왕帝王이 최초로 흥기할 때는 사람의 상식과는 좀 다른 신이한 일이 일어날 때가 있다는 것이다. 그리고 중국고전의 역사적 사례를 열거하면서 우리나라에도 이런 일이 있었으니 이것을 여기 기록함이 뭐 그리 잘못된 일이 있겠느냐 하고 매우 겸손하고 구구한 변명을 늘어 놓고 있다. "기이紀異"란 "신이神異한 일을 기록한다"는 뜻이다.

여기에 우리가 주목해야 할 중요한 사실은 일연스님의 히스토리오그라피의 배면에 깔린 스님의 신화에 대한 인식론적 입장이다. 일연스님에게는 분명 신화가 신화로서 인식되고 있다는 것이다. 이것은 이웃나라『일본서기日本書紀』를 기록하고 있는 자들의 인식태도와도 사뭇 다르다. 신화를 신화로서 인식할 때만 오히려 신화는 그 상징적 의미가 우리 삶에 드러나게 되어있는 것이다. 신화란 "기이한 것"이라는 일연 스님의 발언 자체가 신화와 우리 의식사이에 일정한 거리가 존存해야 한다는 것이다. 나는 오늘날 단군신화를 사실로서 입증立證하고자 발악하는 관변우익사학자들이나 종교적 국수주의자들, 온갖 단군교의 신봉자들을 바라볼 때, 바로 그들이 말하는 신화를 최초로 기록한 일연 스님의 의연한 역사적 태도의 발꼬락지 때만도 못한 그 치졸함을 가련하게 여긴다.

그런데 마야의 비극은 바로 일연이 기술하고 있는 "기이紀異"적的 태도의 결여에 있다. 마야인들에 신화는 신화가 아닌 사실이었다. 신은 이상체가 아닌 현실태였고, 인간을 지배하는 관념이 아닌 물리적 사실이었다. 인간의 상상력의 소관이 아닌 엄존하는 사실의 영역이었다. 인간을 위하여, 개체적 인간이 아니라면 인간세의 도덕적 선善을 위하여 신이 존재하는 것이 아니라, 인간이 신이라는 현실태를 위하여 존재할뿐이다.

인간세는 신의 세계를 위한 도구적 가치에 지나지 않았다. 인간세에 실제적으로 정치가 존재하지 않았다. 정치란 인간의 삶의 양식이다. 그러나 그들의 정치란 오로지 신의 양식이었다. 이것은 참으로 비극적인 상황이다. 더욱이 그들의 신神은 피의 신神이었다. 인간의 피를 요구하는 신이었다. 그들은 아마도 비가 내리는 것도 우신雨神 샤크(Rain God, Chac: 똥그란 눈에 코가 뭉뚱하게 고리처럼 내려와 있는데 많은 마야 건물의 양식적 디자인을 형성하고 있다)가 피흘리는 것으로 해석했을 것이다.

우신雨神 샤크. 고리같은 것이 코, 양옆이 눈, 코 아래가 이빨난 아가리.

신의 피에 인간은 피흘림으로써 보답해야 하는 것이다. 피의 제식앞에는 지배자와 피지배자의 구분이 없었다. 서민들의 인신희생은 물론, 지배자(제사장＝정치지도자)들도 매우 고통스러운 피의 제식을 거행해야만 했다.

특수제식의 모자(꼭 우리나라 상복모자 같이 생겼다)를 쓰고 목과 어깨에 신줄과 같은 새끼를 걸치고 앉아 자기 자지를 짜개서 피를 내고 있는 끔찍한 모습의 토기, 그것은 마야의 매우 흔한 지배자의 모습이다. 마야의 왕들은 항상 자기 자지를 짜개서 피를 내야만 했다. 그것은 유태인의 할례와 같은 어떤 합리적 이유를 가지고 있지도 않았다. 그리고 자지

자지 짜개는 귀족

를 상처내는 부위가 자지를 덮고 있는 껍질부분(prepuce)이 아닌 요도해면체의 귀두(glans)라 할 때 그 고통의 심각성은 좀 이해가 가지 않는다. 그런 자지로는 몇달간, 아니 몇년간 성교도 할 수 없을 것이다. 뿐만 아니라 도처에 발견되는 린텔Lintel(정교한 그림들이 새겨져 있는 큰 석판의 단위를 말함)의 그림을 보면 화려하고 한없이 복잡한 의상을 입고 있는 지배자들이 손목이나 얼굴에 칼로 흠집을 내어 피를 뚝뚝 떨어뜨리고 있는 모습은 다반사茶飯事다. 천문이나 관측하고 있는 평화로운 과학자와도 같았던 마야의 제사장·지배자들의 이미지는 마야문명에 대한 연구가 진척되면 될수록, 아주 호전적好戰的이고 맹폭猛暴한 사람들로 변모해갔던 것이다. 마야의 리더들은 물론 영토를 획득하기 위해서도 이웃 종족들과 전쟁을 했지만, 그들이 전쟁을 한 가장 중요한 이유는 바로 신에게 바칠 인신제물을 획득하기 위한 것이었다. 그들은 인간의 피에 굶주린 표범과도 같았다. 그들은 신에 바칠 피를 위해 알고 보면 같은 가족 이웃들일텐데 서로 죽이고 또 죽였다. 그러나 더욱 음산하고도 괴이한 사실은 바로 그러한 전쟁의 리더들 자신이 끔찍하도록 고통스러운 피의 제식을 거쳐야만 했다는 것이다.

『구약』「창세기」22장에 보면 백살이 된 바로 그해에 아내 사라로 부터 어렵게 얻은 아들 이삭을 데리고 야훼의 분부대로 모리야 땅으로 향하고 있는 백발성성한 노인 아브라함의 모습이 나온다. 그 아릿다운 아들 이삭을 번제로 바치기 위해, 아들 이삭을 칼로 찔러 장작 불에 태우기 위해, 나귀에 장작을 싣고 아들 이삭과 두 종을 데리고 사흘간의 긴 여행을 떠난다.

자지 피흘리는 왕

"아버지!"

"얘야! 내가 듣고 있다."

"아버지! 불씨도 있고 장작도 있는데, 번제물로 드릴 어린 양은 어디 있습니까?"

"얘야! 번제물로 드릴 어린 양은 하느님께서 손수 마련하신단다."

모리야땅의 하느님께서 일러준 산에 이르러 아브라함은 제단을 쌓고 장작을 얹어 놓은 다음, 아들 이삭을 묶어 제단 장작더미위에 올려 놓았다. 아브라함이 손에 칼을 잡고 아들을 막 찌르려고 할 때, 야훼의 천사가 하늘에서 큰 소리로 불렀다.

"아브라함아, 아브라함아!"

"어서 말씀하십시오."

아브라함이 대답하자 야훼의 천사가 이렇게 말하였다. "그 아이에게 손을 대지 말라. 머리털 하나라도 훼상하지 말라. 나는 네가 얼마나 나를 공경하는지 알았다. 너는 하나밖에 없는 아들마저도 서슴치 않고 나에게 바쳤다." 아브라함이 이 말을 듣고 고개를 들어 보니 뿔이 덤불에 걸려 허우적거리는 숫양 한 마리가 눈에 띄였다.

이슬람의 성전『꾸란』에 보면 이 이삭의 얘기는 이스마엘의 이야기로 둔갑되어 기술되고 있다. 아브라함의 번제가 이삭이었든 이스마엘이었든 그것은 우리의 관심사가 아니다. 최소한 이스라엘민족은 이 사건을 계기로 인신희생을 동물희생으로 바꾸었다는 것이다. 아마도 헤브라이즘의 발전단계에 있어서 인신제사의 폐해와 인간학적 참혹성 때문에, 그것이 동물제사로 바뀔 수 밖에 없었던 인간화(Humanization)의 비약을 이러한 신화로 표현했을 것이다. 생각해보라! 만약 유태인들이 아직도 뉴욕맨하탄 한복판에서 그들의 유월절을 기리기 위해 인신희생의 제사를 올리고 있다면 과연 아인슈타인인들 스필버그인들 대접받는 인류의 리더가 될 수 있겠는가?

우리의 동양사람들의 사랑하는 옛 노래를 담은 중국의 성경『시경詩經』의 국풍國風, 진풍秦風중 "황조黃鳥"라는 노래의 첫 소절은 다음과 같이 시작하고 있다.

쾨르 쾨르 꾀꼬리

대추나무에 멈추었다

누가 목공을 따라갔나

자거 엄식이었어

이 엄식이야말로

일당백의 특출한 인물이었지

용맹스런 엄식도

그 검은 묘혈 앞에선

부르 부르 떨었네

저 푸르른 하늘이여

우리네 좋은 사람 죽이는구나

만일 대속할 수 있을진대

우리네 모두 그 몸을 백번이라도 바치리

交交黃鳥, 止于棘。 고고황조, 지우극。

誰從穆公, 子車奄息。 수종목공, 자거엄식。

維此奄息, 百夫之特。 유차엄식, 백부지특。

臨其穴, 惴惴其慄。 임기혈, 췌췌기율。

彼蒼者天, 殲我良人。 피창자천, 섬아량인。

如可贖兮, 人百其身。 여가속혜, 인백기신。

이 노래는 명백하게 진秦나라의 순장풍습의 광경을 읊고 있다. 이것은 진나라의 왕 목공穆公이 죽었을 때 자거씨子車氏의 훌륭한 세 아들을 순장한 사건으로『춘추좌씨전』문공6년조文公六年條에도 명백하게 기술되어 있다. BC 621년의 사건이었다. 과거 은殷나라는 대규모의 순장제도를 가지고 있었다. 은에서 주周나라로 혁명되면서 인간적 문화를 표방한 새왕조 주는 이 은의 순장풍습을 폐지시켰다. 허나 진은 후진국가였기 때문에 이 은殷의 고풍古風을 그대로 유지하고 있었다. 이 노래는 특별히 아름답다.

맨처음 쾨르 쾨르(交交의 의성을 고음으로 재구성 한 것) 꾀꼬리의 아름답고 청초한 모습이 무덤가에 심어지는 대추나무(혹은 가시나무)에 사뿐히 앉는 경쾌한 모습을 통해 이 비극의 목격자로서의 꾀꼬리의 모습과 "대추나무에 앉는다"는 이미지를 통해 무덤으로 들어갈 수밖에 없는 자거씨子車氏의 아들 엄식의 모습이 오버랲된다. 그리고 목공을 따라 죽을 수밖에 없는 어쩔 수 없는 역사적 상황이 서술된다. 그러한 불합리한 상황에 순응할 수밖에 없는 필연적 비극상황이 묘사되는 것이다. 그러다 갑자기 노래의 톤은 일변하여 의연하고 무용武勇에 빛나는 사나이의 늠름한 모습이 묘사된다. 백부지특百夫之特! 백명의 사내라도 한 몸으로 당해낼 수 있는 특출한 인물이었지!

이 노래의 가장 비극적 톤의 강화는 바로 이 늠름한 사나이의 모습,

귀족의 자제로 태어나 만인의 사랑을 받던 훌륭한 젊은 정치가 자거(復姓이다) 엄식이 묘혈앞에서 부르르 떠는 모습이다. 여기 묘혈이란 왕의 거대 묘지는 지하의 궁전이다. 묘혈은 그 음택으로 들어가는 입구다. 그 음택에 들어가는 순간, 사랑하는 부모 · 아내 · 자식들과 백성들이 지켜보고 있을 것이다. 그 입구의 돌이 덜컹 닫히는 순간 위대하고 늠름한 엄식의 모습은 빛 한점없는 컴컴한 암흑속에 갇혀버리고 묘혈 앞에는 흙이 덮히게되는 것이다. 그 얼마나 끔찍한 비극의 순간인가? "백부지특百夫之特"에서 "임기혈臨其穴, 췌췌기율惴惴其慄"로 바뀌는 그 순간의 콘트라스트는 있을 수 없는 인간의 비극에 대한 더없는 느낌의 강화를 유발시킨다. "췌췌기율!" 나는 나의 삶에서 가장 음산한 공포감이 엄습할 때면 이 췌췌기율이라는 『시경詩經』의 한 구절의 노래가 떠오른다. 췌췌기율, 누구인들 그 검은 구멍으로 걸어들어가기를 바랬겠는가?

이 시詩(노래)의 위대성은 마지막, 이 노래를 지은 진나라 백성들의 탄식과 인간에 대한 무한한 애정을 담은 회한의 표현, 그 마지막 구절에 있다. 아~ 저 푸른하늘이여! 우리네 좋은 사람을 죽이는구나! 만일 대속할 수 있을진대 우리네 모두 그 몸을 백번이라도 바치련만!

이것은 정확하게 기원전 621년에 지어진 노래다. 비록 불합리한 사회적 규약에 순응했어야 했지만 진나라의 백성들은 인간에 대한 무한한 애정, 췌췌기율의 그 비극성의 본체에 대한 통찰을 잊지 않았다. 진나라의 무공武公은 BC 697년에 죽을 때 66명을 순장했다. 그후 BC 621년에 죽은 목공穆公은 자거씨子車氏의 세 아들을 순장했다. 허나 그뒤 400년이 지난 후 세상을 하직했던 희대의 황제帝皇 정政 진시황제는 자기 무덤에 들어가는 수만 명의 사람들을 토용으로 대치했던 것이다. 이것은 분명 인류사의 진보의 한 획을 의미하는 것이다. 아브라함이 번제를 이삭에서 숫양으로 바꾼 것이 이미 BC 2000년경이다. 목공의 비극을 노래한 것이 BC 7세기의 일이다. 그러나 마야인들은 이태백이 명월明月에서 노닐던 성당盛唐시대의 한복판에도 아무런 반추없이, 췌췌기율의 느낌도 없이 수없는 피의 제전, 인신제사를 자행하고 있었다. 과연 그들에게는 췌췌기율의 느낌이 없었을까?

마야문자의 해독이 가능해짐에 따라 정확한 연대까지 구성해낼 수 있는 야쉬치란Yaxchilán의 린텔석판에 새겨진 정교한 부조로부터 우리는 다음과 같은 췌췌기율의 음산한 이야기를 구성해낼 수 있다. 정확하게 AD 724~726년 사이에 일어났던 일이다.

야쉬치란왕국의 왕과 그 왕후 쇼크(Lady Xoc: "x"는 "sh"로 발음되고, "c"는 항상 "k"로 발음된다)의 이야기다. 아름다운 왕후 쇼크는 아주 아름다운 문양의 옷을 걸치고 머리에는 거대한 왕후 관이 실려 있으며 목과 손목은 찬란한 목거리와 팔찌로 성대하게 장식되어 있다. 아마도 왕후 쇼크는 이 끔찍한 제식을 거행하기 위하여 몇일간 단식을 했을 것이다. 장한가長恨歌의 양꿰이훼이(楊貴妃) 처럼 화청지華淸池에서 목욕재계를 하고 백옥같은 응지凝脂의 피부를 가꾸고, 교무력嬌無力한 몸을 일으켜 이 끔찍한 제식의 컴컴한 장소로 부축되어 갔을 것이다. 아마도 쇼크 왕후는 환각의 마약을 들이켰을 것이다. 이 제식은 피라미드꼭대기의 캄캄한 방속에서 왕과 왕후 단둘만이 거행한 제식이었을 것이다. 왜냐하면 그 남편(Shield Jaguar: "방패표범"이란 뜻인데 왕의 이름이다. 이름이 이런 합성어로 되어 있다)이 옆에서 횃불을 들고 서있기 때문이다.

왕후는 혓바닥을 꺼내 그 가운데를 칼로 뚫고 그곳으로 기다란 가시가 돋힌 새끼줄을 통과시킨다. 끔찍하게 아플 이 가시돋힌 새끼줄이 통과하는 동안 그 새끼줄을 타고 뚝뚝 떨어지는 피를 바로 사발에 담긴 코우덱스 종이에 적셔내는 것이다. 그 끔찍한 새끼줄이 다 통과한 다음, 그 종이는 제식장 한가운데 엄숙하게 놓여지고 불이 지펴진다. 그 피가 타오르는 연기는 거므스레한 허공에 기묘한 푸르슴한 문양을 그릴 것이다. 이 연기의 문양을 그들은 바로 거대한 우주적 뱀(Vision Serpent)이라고 생각했다. 이 뱀의 심볼은 마야인들의 신화와 건축양식 도처에서 발견된다.

내가 가본 치첸 잇차의 피라미드는 에집트의 피라미드(3면체)와는 달리 균형잡힌 4면체로 되어 있다. 이 4면체의 한 면은 각기 9단으로 쌓아져 있고 그 중앙에 매우 가파른 계단이 나있는데 한 계단은 91개로 구

혀에 새끼줄을 통과시키고 있는 야쉬치란왕국의 왕후 쇼크

성되어 있다. 91계단을 4곱하면 364개가 되는데 그 꼭대기에 있는 제단과 합쳐서 365일이라는 태양력의 날수가 나온다. 그리고 9단이 계단중심으로 나뉘어 있으므로 18단이 되고 이 18단은 20일을 한 달로 계산하는 1년 18개월의 숫자가 된다. 마야의 피라미드가 산山이라고 하는 자연을 상징한 것이라면, 그것은 공간과 시간의 복합체 즉 그들의 우주를 상징하는 것이다. 그런데 이 피라미드의 서쪽면 계단의 양쪽 난간은 거대한(34m) 뱀의 형상을 하고 있다. 그 계단이 땅과 만나는 곳에 거대한 뱀이 아가리를 딱 벌리고 있다. 그런데 석굴암의 일출이 부처님의 이마에 신묘한 빛줄기를 때리듯이, 춘분(3월 20일)과 추분(9월 21일) 때가 되면 이 피라미드 서쪽 뱀난간에는 신묘한 현상이 일어난다. 난간에 7개의

치첸 잇차의 피라미드, 엘 카스틸로

이등변 삼각형의 빛의 문양이 나타나면서 약 10분간 뱀이 꿈틀거리며 하강하는 듯한 느낌을 준다. 이것을 본시 마야인들에게 있어서 뱀은 하늘의 은하수를 상징하는 것이었고, 이 은하수는 그들이 생각하는 13천 9지十三天九地의 거대한 주축(axis)이었다.

뱀神

쿠쿨칸(Kukulcán, 날개돋힌 뱀神)의 하강이라고 부른다

쇼크왕후에게 피어오른 뱀신은 무엇이었을까? 이 뱀은 머리부분과 꼬리부분으로 각각 머리가 하나씩 달려있다. 마야의 예술가들은 이 뱀의 모습을 아주 다양하게 묘사하고 있는데 잇빨달린 아가리를 180°로 딱 벌리고 긴 혀를 널름거리고 아랫턱과 윗턱에는 긴 수염이 달려있다. 그리고 그 짝 벌린 윗 아가리로부터 방패와 창을 든 신神이 나타난다. 이 신이 곧 야쉬치란왕조의 단군신인 야트 발람Yat Balam이다. 이 야트 발람의 별명은 "자지표범"(Jaguar Penis, 아까 "방패표범"과 대비된다)이다. 방패와 창을 든 것을 보아 군신軍神, 즉 전쟁의 승리의 신일 것이다.

쇼크왕후가 이 제식을 한 것은 그러한 피의 제식을 통해서 자연계와 초자연계의 장벽을 소통시킬 수 있었다고 믿었기 때문이다(우리나라 무속 굿에도 동일한 구조가 발견된다). 쇼크왕후의 제식을 통해 야쉬치란의 신들은 뱀의 아가리로 들어가 기나긴 뱀의 몸둥이를 여행하여 꼬리부분의 아가리로 다시 나오게 된다. 이것은 인간세계와 신의세계를 소통하는 심볼이다. 그리고 쇼크왕후는 이 제식을 통하여 자기 남편 "방패표범"이 이제부터 싸울려는 전쟁을 승리로 이끌 수 있도록 뱀의 아가리로부터 나오는 자지표범, 야트 발람 신神에게 기원하는 것이다. 그리고 이러한 제식은 아마도 방패표범의 대관식즈음에 행하여진 것으로 해석된다. 왕비해먹기가 이렇게 힘들어서야! 쯧쯧! 쇼크왕후의 이야기는 우리에겐 하나의 쇼크다. 이 쇼킹한 쇼크이야기는 마야사람들에게는 쇼크아닌 일상이었고, 신화아닌 사실이었다.

『논어』「태백」편에 보면, 『효경』의 저자로 알려진, 성품이 순종적이었던 공자孔子의 제자 증자가 임종에 임하여 그들 제자들에 둘려싸여 죽음을 맞이하는 매우 화평한 모습이 그려지고 있다. 포근한 이불에 덮혀 누어있던 증자는 제자들에게 이른다.

"애들아! 내 다리를 열어보아라. 내 손을 열어보아라."
이불이 걷혀졌을 때 뽀얀 노인의 얌전한 수족이 드러났을 것이다.
"『시경』에 말했지. 전전긍긍, 깊은 못에 임한 듯하고, 엷은 얼음을 밟듯이 하라라고. 나는 그렇게 조심하며 살아 왔지. 이제야 그 짐을 벗겠구나. 나의 사랑하는 제자들아!"(曾子有疾, 召門弟子曰: "啓予足! 啓予手! 詩云, '戰戰兢兢, 如臨深淵, 如履薄冰。' 而今而後, 吾知免夫! 小子!"『논어+역경』p.45)

신체발부는 수지부모라, 터럭하나도 부모에게 받은 것, 불감훼상이라, 감히 다칠 수 없는 것이다. 이제 내 명을 다하여 구천九天으로 가니 이제야 그 짐을 벗겠노라고 한 증자曾子의 삶의 고백이다. 자아! 이제 대답은 명백할 것이다. 독자 여러분! 그대들은 마야의 왕후가 되기를 원하겠는가? 초가삼칸에서 부모에게 받은 수족을 온전히 하면서 살 수 있는 유교문명의 보금자리를 원하겠는가? 마야문명의 멸망의 원인은 너무도 명백한 것이다.

외형적으로 치첸 잇차의 가장 찬란한 유적은 기하학적 조형미를 자랑하는 엘 카스틸로El Castillo라고 통칭되는 피라미드이지만, 실제로 이 치첸 잇차라는 도시중심지가 생겨난 가장 중심이 되는 유적은 피라미드 서쪽계단, 그러니까 그 뱀아가리 있는 곳으로부터 275m 떨어진 곳에 자리잡고 있는 거대한 우물(Cenote Sagrado, Sacred Well. 마야말로는 조노트, dzonot)이다. 직경이 60m나 되는 이 거대한 자연우물에서 치(아구) 첸(우물) 잇차(地名), 즉 "잇차의 우물의 입"이란 이름이 유래된 것이다.

마야문명이 자리잡은 이 거대한 유카탄반도에는 엄청난 밀림숲으로 덮혀있는 대평원이지만 재미있는 사실은 강이 하나도 없다는 사실이다. 다시 말해서 물구경을 할 수가 없다. 밀림열대지역에서 비가 많

쎄노테 사그라도의 일부분

이 올 것 같지만 이 지역은 비가 많이 내리지 않는다. 그러나 아주 안오는 것이 아니라 수시로 소나기처럼 쏟아진다. 치첸 잇차에서 오다가 중간의 발라돌리드Valladolid라는 도시에서 사진을 찍다가 그만 안경을 잃어버렸다. 고속도로를 한참 달려오다 뒤늦게 그 사실을 발견하고, 어련하랴! 식구들을 다구쳐 다시 돌아가 안경을 찾다 찾다 못찾고 풀이죽어 밤늦게 호텔로 돌아오는데, 어찌나 비가 갑자기 쏟아지는지 빌린 렌트카의 지붕이 뚫어지는 느낌이었다. 그러다간 언제 비가 왔냐는 듯이 확 개이고 선선한 밤하늘에 별이 초롱초롱 빛났다. 내린 비는 금방 땅속으로 숨어 도망가 버린다.

마야인들의 주된 식량은 옥수수(메이즈, maize)였다. 인간은 자기의 삶의 체험과 가장 밀접히 관련된 곳에서 神을 찾는다. 마야인들에게는 수없는 神들이 많지만 그들에게 가장 친근하고 가장 보편적인 神, 그러니까 희랍인들에게 있어서 제우스 같은 신이, 훈 후나푸Hun Hunaphu라고 불리우는 옥수수神(Maize God)이었다. 그의 머리는 항상 옥수수 잎을 연상케하는 상징체로 장식되어 있고 아주 젊은 남성의 모습을 지니고 나타난다. 그는 이 세계의 창조를 주관했고 옥수수의 생산(fertility)을 주관한다.

인간의 탄생설화 역시 옥수수와 깊은 관련이 있다. 신들이 태초에 땅을 창조했을 때, 자기들을 경배할 물체들을 만들어야만 했다. 처음에 신들은 동물을 만들었다. 그랬더니 그놈들은 신을 몰라보고 꽥꽥거리기만 했다. 실망한 그들은 두번째로 인간의 형상을 흙으로 빚어 만들었다. 그랬더니 이놈들은 말은 하는데 도무지 아무런 의미를 조합해내지 못했다. 그러더니 그것은 곧 형태없는 흙으로 분해되어 버렸다. 그래서 신들은 세번째로 나무로 사람의 형상을 만들었다. 그랬더니 이놈들은 인간의 말을 할 줄 알았고 섹스도 할 줄 알아 새끼를 치기 시작했다. 그런데 이 나무인간들은 영혼이 결여되었다. 그래서 창조주인 신들을 알아보지 못했다. 신들은 회의끝에 나무인간들을 멸종시키기로 결정했다. 엄청난 홍수를 일으키고 표범을 시켜 이들을 공격하게 했다. 나중에 결국 불을 질러 태움으로서 나무인간들을 멸종시키는데 성공했지만 몇개의 나무인간은 살아남아 원숭이로 변해버렸다. 이 원숭이가 바로 오늘 숲에 살고 있는 나무인간의 변종들이다.

과테말라에서 발견된 신화원숭이 토기

분노와 실망에 찬 신들은 사람을 만들려는 최후의 노력에 착수했다. 슈무카네Xmucane라는 한 늙은 현명한 여신이 옥수수알갱이를 아홉번 갈아 만든 옥수수 밀가루에다가 물을 넣어 반죽하여 4개의 인간의 형상을 만드는데 성공했다. 기적적으로 이 4개의 옥수수인간은 말도했고 생식도 했으며 더 중요한 것은 신을 경배할 줄 알고 신에게 희생을 바칠 줄 알았다는 것이다. 오늘의 인간은 『구약』에서처럼 흙으로 만든 것이 아니라 옥수수밀가루 반죽으로 만든 것이다. 마야인들에게서 옥수수가 얼마나 중요한 것인가는 이 창조설화가 너무 잘 대변해준다. 그들은 정글림을 선택하여 나무를 베고 건기에 그 숲을 불살랐다. 그리고 우기가 시작할 때 곡괭이질을 해서 옥수수를 심었다. 몇년 이런 방식으로 경작하다가 생산성이 떨어지면 숲을 옮기고는 했다.

그런데 이들에게서 가장 소중한 것은 물이었다. 이들은 경작의 물을 주로 샘에서 얻었다. 따라서 샘이란 이들에게 특별한 의미를 가졌다. 석회질층이 무너지면서 생긴 거대한 지하동공 아래로 거대한 사닥다리를 타고 내려가서 물을 길러오는 모습은 이 지역을 19세기초에 탐험한 사람들이 흔히 목격할 수 있는 장면이었다. 마야인들에게 지하의 세계는 매우 중요하고도 가까운 세계였다. 그것은 9중九重의 암흑세계였다.

마야는 이 지하세계를 쉬발바Xibalba라고 불렀는데 이것은 "공포의 세계The Place of Fright"라는 뜻이다. 그리고 이 지하세계에 사는 신들, 쉬발반들the Xibalbans은 신화속에서 거의 공포의 존재로 그려진다. 이들은 대강 똥배가 나와있고 악취나는 입김을 내뿜는다. 그리고 이들은 눈깔을 뽑아 꿰메서 목걸이로 하고 있다. 그리고 이들은 계속해서 방귀를 뀌

고 똥줄기가 똥구멍에 달려있곤
한다. 오늘날의 마야말로 악마는
키진Cizin인데 이것은 "방구쟁이"
라는 뜻이다.

　치첸 잇차의 거대한 우물은, 사
계의 전문가들에 의하여 대강 가
뭄이 들었을 때 우신雨神 샤크에
게 기우제를 올린 곳으로 말하여
지고 있다. 이 우물 역시 생명의 샘
이 아닌 죽음의 샘이었던 것이다.
마야인들에겐 죽음은 곧 생명을
의미하는 것인지도 모른다. 동쪽에
떠오르는 태양도 아침에는 젊은
신으로 묘사된다. 그러나 기나긴

꽃병속에 그려진 쉬발반의 모습

황도를 지나 석양에 이르른 해는 수염난 할아버지로 묘사된다. 태양도
하루사이에 탄생과 죽음의 싸이클을 반복하는 것이다.

　내가 생각키에 쎄노테라고 불리우는 치첸 잇차의 거대한 우물은 바
로 지하세계 쉬발바의 입구였을 것이다. 지하세계의 신들을 달래기 위
해 그들은 아름다운 처녀들, 아기들, 그리고 전사들을 그 우물에 바쳤던

것이다. 가뭄이 들거나 우환이 겹치면, 그들은 피라미드 앞으로 길게 뻗은 길을 따라 새벽 먼동이 틀 무렵 아름다웁게 치장한 새악씨들을, 북치고 장구치며 데려갔다. 그 우물주변에서 장엄한 의식을 거행한 후 그들은 그 새악씨들을 영원히 돌아올 수 없는 이 깊은 우물 속으로 던졌다. 여인들은 자기들의 소망을 빌고 또 풍요로운 한해가 되기를 탄원한 후 첨벙! 그들의 몸뚱이가 고요한 수면을 때릴 때 꺄르르르 처절한 비명소리가 들렸다. 몸이 묶여지지 않은 채 던져진 이 여인들은 처절한 외침과 함께 물속에서 허우적 거린다. 하나 둘, 그들은 제물화되어갔다. 해가 중천에 이를 때까지 죽지않고 소리지르는 여인에게는 구원의 밧줄이 내려졌다. 이것은 1579년 스페인사람 돈 디에고 사르미엔토 데 피게로아의 증언이다.

후에 이러한 이야기는 미국의 탐험가이며 고고학자인 에드워드 허버트 톰슨E. H. Thompson, 1856~1935의 역사적인 잠수탐험에 의하여 실증되었다. 톰슨은 준설작업으로 별 성과를 거두지 못하자, 25m나 되는 이 깊은 우물로 몸소 다이빙을 하여 엄청난 유물을 발굴해 내는데 성공하였다. 수많은 인신해골과 더불어 그때 같이 수장된 수많은 장신구, 용기, 금붙이, 마스크, 도끼, 인간희생의 모습을 새긴 금판등을 찾아내었던 것이다. 톰슨은 심해다이빙 연습을 하고 들어갔지만, 온갖 전설과 흉악한 귀신의 캄캄한 무덤인 그 25m의 심연을 뚫고 들어가 3m나 쌓인 진흙의 더미를 헤치는 작업이 얼마나 끔찍한 작업이었을지, 스쿠바 다이빙을 몸소 체험해 본 나로서 그 스잔한 느낌이 이해가 간다. 톰슨은 위대한 탐험가였다. 그는 탐험정신의 일관성을 유지했다. 그는 이 쎄노테의 탐사를 통해 고막을 잃었다. 기진맥진한 그가 육지로 올라왔을 때 원주민들은 뱀신神이 그를 삼켰다 뱉었다고 말했다.

나는 한참, 멍하게 성스러운 우물, 쎄노테앞에 서 있었다. 나의 아해들은 그앞의 초가지붕 매점에서 콜라를 마시며 갈증을 축이고 있었다. 승중이가 감기로 열이 오른다고 했고, 일중이·미루는 내가 아무리 설명해도 우물의 비극에 관심을 기울이지 않았다. 우물은 짙은 초록 수면 위로 새파란 하늘을 비추고 있었다. 황혼이 깔리기 시작할 때까지 나는 그 앞에 서 있었다. 우물에 던져진 생령들의 함성이 움푹패인 그윽한 지하세계로부터 무한한 침묵의 공명을 자아내고 있는 것 같았다. 완벽한 숙정寂靜이었다. 인간이란 도대체 무엇을 위해 사는 것일까? 문명이란 왜 존재해야만 하는 것일까? 마야인의 잔혹함을 말하기 전에 나 존재의 실존에 대한 수수께끼가 도무지 풀릴 것 같질 않았다.

이왕 얘기가 나온 김에 마야문명의 모든 신화의 종주를 이루는, 아마도 그 문명 자체의 디프 스트럭춰를 반영한다고 할 가장 유명한, 쌍둥이 영웅(The Hero Twins)의 이야기를 해야할 것 같다. 이 둘의 이야기는 마야의 모든 건축과 문양과 습속에 현실적으로 반영되어 있는데, 사실 우리의 상식적 감각으로는 석연하게 이해가 되질 않는다. 우리의 체험이

이 신화의 심볼리즘과 직접 연결되지않는 부분이 많기 때문일 것이다. 이 이야기는 1554년부터 1558년 사이에 마야인이, 스페인 문자를 빌어 과테말라 마야언어인 퀴체Quiché어로 집필한, 마야문명과 신화의 가장 소중한 자료로 간주되는『포폴 부*Popol Vuh*』라는 책에 상세히 수록되어 있다. 바로 이 쌍둥이영웅 이야기는 마야인의 가장 광적인 유희며 또한 죽음의 제전인 볼께임Ball Game이라고 하는 구기球技와 밀접한 관련을 맺고 있다. 이 쌍둥이는 바로 앞서 말한 마야의 제우스, 훈 후나푸(옥수수신)의 두 아들인 것이다. 그리고 이 신화는 하늘과 땅과 지하세계라고 하는 삼재적三才的 구조를 지니고 있다는 것도 유념할 부분이다.

십자가 중앙에 거꾸로 매달린 훈 후나푸의 목아지

훈 후나푸는 지상에서 너무 소란스러운 볼께임으로 지하세계를 혼란시켰기 때문에 지하세계 쉬발반의 영주(귀신)들에 의하여 지하세계로 소환당한다. 그리고 거기서 목아지가 잘리는 참형을 당한다. 곧 훈 후나푸의 목아지는 지하세계의 나무에 매달려 진다. 이때 지하세계의 어여쁜 젊은 여자, "피의 달Blood Moon"이 나무를 지나치게 된다. 훈 후나푸의 머리는 그 여자의 손에 침을 뱉는데 이로 인하여 피의 달은 임신을 하게 되는 것이다. 피의 달은 지하의 아버지의 노여움이 두려워 지상세계로 도망간다. 지상에서 이 여인은 쌍둥이를 낳게 된다. 이들이 바로 후나푸Hunahpu와 쉬발랑케Xbalanque인 것이다. 그런데 이들의 아버지 훈 후나푸에게는 이미 다른 쌍둥이 아들이 있었다. 따라서 이들은 새로운 쌍둥이의 도착을 환영하지 않고 그들을 괴롭혔다. 후나푸와 쉬발랑케는 이 이복 쌍둥이 형제를 원숭이로 둔갑시켰다. 이 원숭이들은 탁월한 창조적 기술의 소유자들이었고 예술의 신이 되었다.

이 쌍둥이는 탁월한 볼께임의 선수였다. 그래서 이들이 하는 볼께임의 소란이 또다시 지하 쉬발반의 귀신들을 자극시켰고 이들은 또다시 지하로 소환되었다. 이들에게는 지하의 피의 강과 고름의 강을 건너 특별한 시험의 심판에 참여하라는 명령이 떨어졌다. 첫날 밤, 이들에게는 타는 횃불과 씨가가 주어졌고 이 다음날 아침에 동일한 싸이즈의 횃불과 씨가를 돌리라는 명령이 떨어졌다. 쌍둥이는 이 횃불과 씨가를 꺼버리고 대신 딴 재료로 만든 횃불과 씨가를 피워 쉬발반들을 속이는데 성공한다. 다음, 이들은 칼의 집, 표범의 집, 극한極寒의 집, 불의 집에서 차례로 밤을 지새운다. 마지막으로 이들은 살인 박쥐인 좃츠Zotz의 집에 강금당한다. 이 무서운 박쥐를 피하기 위하여 이 쌍둥이는 마술을 부려 통소속에 몸을 숨긴다. 먼동이 트기 직전, 쉬발랑케는 형에게 통소밖으로 나가도 좋겠냐고 묻는다.

이때 형 후나푸는 밖을 내다보기 위해 통소밖으로 머리를 내민다. 이 때였다. 살인박쥐 좃츠는 후나푸의 목아지를 잽싸게 잘라버린다. 그러자 잔인한 쉬발반들은 쉬발랑케에게 후나푸의 대가리를 공으로

좃츠

삼아 볼께임을 할 것을 명한다(실제로 마야인들은 사람대가리로 볼께임을 하기도 했다). 볼께임의 명수인 쉬발랑케는 쉬발반들의 눈을 속여 볼께임을 하는 동안 형 후나푸의 목아지를 다시 몸뚱아리에 붙이는데 성공한다.

다시 살아난 쌍둥이 형제는 죽은 아버지 원수를 갚을 것을 맹세하고 그 묘책을 수립한다. 이 쌍둥이 형제는 희생제물이 되어 불구덩이로 들어간다. 쉬발반들은 불에 살라진 이들의 시체의 조각을 강물에 흩날려 버린다. 그런데 이 쌍둥이 형제는 닷새 후에 물속에서 반인반半人半메기의 형상으로 부활한다.

메기가 된 쌍둥이 형제

이들은 아주 탁월한 엔터테이너였다. 이들은 요술과 요염한 춤으로 순회공연을 다니며 모든 사람들을 즐겁게 만들었다(신나게 춤추는 쌍둥이 메기를 그린 벽화들이 도처에서 발견된다). 이들의 탁월한 재능과 기적적 행위를 전해들은 쉬발반의 가장 높은 두 영주는 이 위장된 쌍둥이 형제를 그들의 궁정으로 불러 춤을 추게한다. 그리고 이들보고 불구덩이에 희생물로 들어갔다가 다시 살아날 수 있냐고 묻는다. 그렇다고 대답하자 한번 해보라고 한다. 이들은 다시 희생물이 되었다가 즉각 다시 부활한다. 그러한 현실을 목격한 쉬발반들은 그 마술을 자기들에게도 부려볼 수 있냐고 묻는다. 옳다하고, 쌍둥이 형제는 그들에게 마술을 부린다는 조건으로 그들 모두를 불구덩이로 집어넣는다. 그리곤 그들에게 다시는 생명을 불어넣지 않았다. 이로써 지하세계는 이 쌍둥이 영웅에 의하여 멸절된 것이다. 폭력에 의지하지 않고 지혜로움에 의하여 승리의 구가를 올린 것이다. 개선후 후나푸와 쉬발랑케는 하늘로 올라갔다. 그리고 후나푸는 태양이 되었고 쉬발랑케는 달이 되었던 것이다.

이러한 신화의 배면에 깔린 심층구조의 진정한 의미를 나는 모른다. 허나 이 이야기들이 말해주는 상상력의 기괴함과 기발함, 그리고 유우머와 해학, 그리고 삶과 죽음의 경계마저 없어져버린 존재의 투영, … 하여튼 마야인은 고등한 문명의 소유자였다고 나는 판단한다. 그러나 나를 괴롭히는 것은 그들에겐 정치가 부재하고 종교만 있었고, 현실이 부재하고 신화만 있었고, 헌신은 부재하고 희생만 있었다는 것이다. 마야는 인류의 집단적 비극의 전형이며 모든 이데올로기의 허상의 신기 루였다. 그리고 끝내 끝내 나를 괴롭히는 것은 피(Bood)였다.

이 신화와 관련하여 마야문명의 얘기를 하는데 빼놓을 수 없는 것은 바로 이 쌍둥이영웅 드라마에 등장하는 볼께임Ball Game이라는 것이다. 실제로 치첸 잇차에서 나를 가장 경악시킨 것은 피라미드보다, 바로 이 볼께임의 구장이었다. 네모반듯한 직사각형의 구장에 별 기대없이 들어서는 순간, 나는 찬탄을 금할 수 없었다. 아주 심플한 디자인의 이 거대한 구장은 로마에 있는 원형경기장 콜로세움보다 더 웅장하고 장중한 느낌을 주는 것이었다. 길이 168m, 넓이 70m, 그리고 8m의 높이로 반듯반듯한석재로 쌓아올린 삥둘러싼 벽 그리고 그 벽위로 4방에 각기 신전들이 자리잡고 있었다. 리비아의 지중해연안에 자리잡은 로마제국의 렙티스 마그나Leptis Magna의 바실리카basilica(公會所)를 방문했을 때 받았던 압도적인 느낌과 유사했다. 허나 이 구장은 보다 단순했고 보다 규모가 컸고 보다 현대적이었다. 그리고 양 옆 벽면에 뱀 두마리가 서로를 꼬고 있는 문양으로 장식된 거대한 도우너츠처럼 생긴 통돌석조의 링이 늠름한 자태를 자랑하며 돌출되어 있었다. 이러한 구장은 싸이즈는 좀 다르지만 남부 코판Copán에 이르기까지 대강의 모든 도시중심에 필수적으로 갖추어져 있는 것이다. 문명의 발전단계에서 격투기가 구기의 발달보다 선행한다. 마야는 기원전 2천년전부터 이 볼께임을 한 것으로 알려져 있다. 그리고 이 볼께임은 전적으로 쌍둥이 영웅의 신화와 관련되어 있다. 이 께임은 바로 쉬발랑케와 후나푸가 지하세계의 쉬발반들과 벌였던 께임을 상징하는 것이다. 쉬발랑케가 좃츠박쥐에게 짤린 형 후나푸의 목아지로 볼께임을 하도록 명령받았을 때, 쉬발랑케는 호박을 하나 구해 형의 머리와 비슷하게 조각을 한다. 그리고 잠시 형의 목아지로 께임을 하다가 그 목아지를 구장밖으로 차 버린다. 이때 놀랜 토끼가 깡충깡충 뛰어가는데 쉬발반들은 토끼가 후나푸의 목아지를 가지고 도망가는 줄 착각하고 숲을 뒤진다. 이때 쉬발랑케는 형머리를 몸뚱이에 붙혀 부활시키는 것이다. 그리고 쉬발랑케 호박머리를 쳐들며 후나푸의 머리를 찾았다 외치고 호박으로 께임을 계속한다. 그러자 곧 이 호박이 깨어지고 쉬발반들은 그들이 속았다는 것을 깨달

치첸 잇차의 거대한 볼께임 구장球場의 한 벽

게 되는 것이다. 이 볼께임의 구장은 곧 지하세계의 지상의 구현이요, 지하의 신적 세계와 통하는 관문이다. 지하는 물의 세계다. 지상의 옥수수는 지하의 물이 없이는 자랄 수 없다. 지하의 쉬발반이 지상의 옥수수신 훈 후나푸의 목을 칠 정도의 권위를 가질 수 있다는 것은 쉽게 이해가 가는 것이다.

내가 본 치첸 잇차의 거대한(아마도 마야문명 유적중에서 최대 규모일 것이다) 구장球場의 양 세로 벽면의 아래에는 한단이 기다랗게 석축으로 쌓여 높아져 있다. 여기에 관객들이 자리잡는다. 그런데 그 밑의 석축에는 바로 이 볼께임의 그림들이 정교하게 새겨져 있다(풍상으로 거의 마멸되어 식별이 어려웠다). 우리는 바로 이 그림들을 통해 이 볼께임을 유추할 수 있는 것이다. 그런데 우선 이 볼께임 선수들을 묘사한 그림들이 도무지 실제로 볼께임을 했으리라고 상상되기 어려울 정도로 헤비한 갑옷의 복장을 하고 있고, 코에도 귀에도 상아막대와 같은 것이 끼워져 있고 모자도 성대하다. 아마 내가 생각키엔 이것은 실제 선수들의 경기모습이라기 보다는 경기에 임하기 전에 성대하게 벌어지는 종교적 제식을 조각한 것으로 보인다. 마치 일본의 스모토리들이 스모하기전에 성대한 복장을 하고 입장하고 예식을 치루지만 그것이 끝나면 다 벗어버리고 경기에 임하는 것과 같은 스토리일 것이다.

8세기경 자이나섬Jaina Island에서 발굴된 한 토용은 바로 이렇게 경

쾌하게 발가벗은 모습을 하고 손에
볼을 쥐고 있다. 그런데 이 토용의
비극적 사실은 어김없이 따라오는
"피"의 주제다. 그 얼굴에 나있는 끔
찍한 상처와 손목에 두른 붕대는 바
로 이 선수가 모종의 "피흘림"의 제
식을 거치고 경기에 임했다는 사실을
말해주고 있기 때문이다.

우리가 생각하는 경기 특히 구기
球技란 재미로 하는 것이다. 구기의
룰을 통해 서로가 건강하게 즐거운
시간을 보내기 위해서 하는 것이다.
그런데 마야인들이 만나기만 하면 했
던 이 볼께임, 마야의 역사를 통해 마
야인들이 거의 미치광이처럼 매달렸
던 이 볼께임의 음산한 성격은 바로

자이나 섬의 토용

이 볼께임이 우리가 생각하는 유희가 아니라 죽음의 제식이라는데 있다.
삶의 기쁨을 위한 것이 아니라, 죽음의 기쁨을 위한 것이라는데 있다.
승패의 순간에 승리의 기쁨과 패배의 좌절이 엇갈리는 것이 아니라, 바
로 그 순간에 삶과 죽음이 엇갈리는 것이다. 더욱더 음산한 사실, 더욱

더 우리의 가슴을 조리게 하는 사실은 바로 패자가 죽음을 맞는 것이 아
니라, 승자가 죽음을 맞는다는 사실에 있다. 승리의 기쁜 순간에 그 팀
의 주장은 죽음의 기쁨을 맞이하는 것이다. 영광스럽게 신의 제물로 바
쳐지는 것이다. 생각해보라! 죽기위해 죽을 힘을 다해 께임을 승리로
이끌고 있는 마야인의 심성心性을! 그것이 희극인가? 비극인가? 저주
인가? 영광인가? 그대 한번 판단해보라 !

볼은 야구공의 싸이즈로부터 축구공의 싸이즈에 이르기까지 다양
하다. 그리고 나무·가죽·고무등으로 만들기도 했는데, 가장 정통의
볼은, 지난 께임의 승리의 주장의 목아지를 밀납속에 집어넣어 특별히

구장球場 양 벽면의 돌 링

제조한 인두人頭였다. 그리고 선수는 한 팀이 4·5명 정도로 구성된 것 같고, 공을 일정한 곳으로 모는데서 득점을 하는 것이다. 그런데 결정적 승리는 저 구장의 양벽에 높이 매달린 돌 링사이로 볼을 통과시키는 것이다. 그 링의 통과가 가장 높은 점수를 따는 것이다. 그런데 사람의 머리일 경우, 생각해보면 그 구멍의 직경이 사람머리보다 별로 크질 않다. 그리고 엄청나게 높이 달려있다. 마이클 죠단인들 그리 쉽게 득점할 수 있을 것 같질 않다. 내가 생각키에 이 께임은 오늘날의 농구와 럭비를 짬뽕한 어떤 형식이었던 것 같다. 그리고 코판의 경기장은 경기장 자체가 "공工"자字 형태를 가지고 있어 그 룰이 좀 달랐다는 것을 짐작케 한다. 죽기 위해 열심히 싸운다! 한국의 축구선수들이 께임에 승리할 때마다 영광스럽게 자기 목아지를 바쳐야 한다면? 물론 진편이 죽는다는 학설도 있으나 별 설득력이 없는 것으로 사계에서 논의되고 있다.

나의 결론은 이러하다. 볼께임은 바로 얼마 떨어지지 않은 곳에 자리잡고 있는 우물과, 같은 논리적 구조에서 이해되어야 한다는 것이다. 신에게 제물을 바친다는 것은 어느 종족의 특권이다. 그리고 그 종족은 신에게 제물을 바침으로서 어떤 특권을 누리게 될 것이다. 그 제물을 갹출하는 방식이 바로 볼께임일 것이다. 선수들은 종족의 명예를 걸고 싸운다. 그리고 그 종족의 전체 명예와 자기가 죽음으로써 얻을 수 있는 종족의 특권 때문에, 주장은 용맹스럽게 희생당한다. 희생당하기 위해 경기를 하는 본인과 관객의 마음이 어떠했을까? 과연 췌췌기율의 느낌이 존재하지 않았을까? 예수도 인류의 죄를 대속하여 자기가 예견한 드라마속에서 기쁘게 십자가를 맞이했건만 그 순간, 바로 그 순간, 인간예수는 십자가를 부둥켜 앉고 울부짖었다. "주여! 주여! 어찌하여 날 버리시나이까? 엘리 엘리 라마 사박다니, 하느님! 하느님! 나는 죽기싫어요! 난 죽기 무서워요!"

마야의 볼께임의 승리자들은 모두 청년예수였을 것이다. 대의를 위하여, 종족의 공동선을 위하여, 신의 영광을 위하여, 일신一身의 죽음의 고통을 참는 용맹스러운 사람들이었을 것이다. 그런데 과연 이러해야만 하는 것일까? 다른 대속의 방식은 없는가? 다른 진리와 선善과 미美의 방식은 없는가?

바로 그 거대한 구장을 나오면 옆에 사람들이 지나치기 쉬운 아주 평범하게 보이는 나즈막한 돌계단이 있다. 촘판틀리Tzompantli라고 하는 유적이었는데 나는 이것을 자세히 들여다 보고 눈에 눈물이 핑 돌았다. 쯧쯧쯧쯧, 그랬구나! 나는 그자리에 앉아서 혼자 울고 싶어졌다. 이 계단은 60×12m의, 동쪽으로 계단이 나있는, 아주 평범한 제단이다. 그런데 이 제단을 쌓은 축대들을 보는 순간 나는 경악했다. 그 한개 한개의 돌이 모두 정확하게, 해부학적으로 거의 어김없이 정확하게 묘사된 사람의 해골의 모습을 하고 있는 것이다. 촘판틀리란 곧 아즈텍말로 "해골의 성벽wall of skulls"이란 뜻이다. 즉 이곳이 바로 볼께임이나 기타 제식에서 희생되는 사람들의 시체가 바쳐지는 곳이었던 것이다. 바로 그 옆의 사원에는 사람의 심장을 빼먹고 있는 독수리와 표범의 신들이 정교하게 아름답게 그려져 있었다. 자아! 이쯤 되었으면 내 무얼 더 말하랴! 마야문명의 "피"의 주제는 너무도 명백한 것이다. 더 말할 나위없이 그들의 삶을 지배한 것은 피의 폭력이었다. 죽음과 삶의 해탈을 빙자한 피의 난무가 과연 무엇을 의미하는 것이었을까?

역사에 신비란 존재하지 않는다. 마야는 나에게 있어선 신비였다. 어려서부터 막연하게 품어온 동경의 세계, 인류의 고립된 천국과도 같은, 뽀이얀 숲속의 안개속에 가리워진 희미한 유토피아, 그런 것이었다.

촘판틀리의 해골

그렇지만 역사에 신비란 존재하지 않는다. 에집트의 피라미드도, 진시황의 만리장성도, 인간몸의 경락도, 크메르의 앙코르와트도, 나스카의 지오글립스도, 그것은 결코 신비가 아니다. 오직 신비로운 것은 여기 살아 있는 풀 한포기일 뿐인 것이다. 나의 기철학은 바로 이 살아있는 풀 한 포기를 설명하기 위한 것이지 이러한 신비를 풀기 위함이 아닌 것이다.

여기 나는 너무도 할 말이 많다. 마야의 신화에 등장하는 많은 이야기들, 표범, 우주나무(Cosmic Tree), 비와 번개, 악어, 거북 등등의 이미지 속에서 인류신화의 공통된 구조를 말하기란 어렵지 않다. 마야인들에게도 분명 천지 코스몰로지가 있었다. 하늘이 있었고 땅이 있었고, 그 하늘과 땅을 연결하는 나무가 있었고 뱀이 있었고 표범이 있었고, 거북이가 있었다. 그러나 중요한 사실은 그 하늘과 땅을 연결하는 사람이 빠져있다는 것이다. 천재天才와 지재地才만 있었고 인재人才가 없었던 것이다. 천지天地만 있고 인人이 빠져 있을 때 그 천지는 때때로 인人의 유위적有爲的 장난을 극도로 효율적으로 만들 수도 있다. 허나 그것은 매우 위험하다. 천지는 인간화人間化되어야 만 하는 것이다. 천지의 주체로서의 인人의 창진적創進的 변화變化(Creative Advance)를 상실했을 때 그 천지는 토인비의 말대로 단순히 회귀하는 천지일 뿐인 것이다.

나의 머리속에 떠오른 마야문명의 9세기 멸망의 드라마는 이러하다. 마야문명의 멸망은 9세기초로부터 한 세기에 거쳐 서서히 진행되었다.

한 문명의 멸망을 결정짓는 결정적 사태는 우리의 삶을 결정지우는 결정적 사실로부터 도출되지 않으면 안된다. 그 결정적 사태란 고대사회에 있어선 역시 식량이다. 마야인들의 숲을 태워 경작하는 경작의 방식이 땅을 보완하는 어떤 순환적 지혜를 결여할 때 그것은 땅의 생산성의 저하를 필연적으로 만든다. 그리고 도시주변으로 과도하게 밀집된 인구의 증가는 그러한 생산성의 하락과 역비례하여 갔을 것이다. 그리하여 필연적으로 생산의 수단을 강구하기 위하여 인구는 하나 둘 점차 도시중심으로부터 디센트랄라이즈(분산화) 되어가는 경향을 보였을 것이다.

그러나 이러한 변화에 대처할 수 있는 정치가 중앙체계에는 부재했다. 정치란 인간의 구체적 삶의 방식에 대한 대응체계다. 땅의 생산성의 저하를 어떠한 기술적 혁신이나 체계의 보완이나 중심의 이동이나, 하는 방식으로 구제할 수 있는 능력이 종교적 미신과 신화적 세계에 빠져있는 제사장─지배자들 계급에 결여되었을 것은 뻔하고, 이러한 유연성(flexibility)의 결여는 오히려 광신적 종교행태의 강화만을 초래했을 것이다. 인민은 점점 더 괴로움을 당하는데 그럴수록 볼께임만 하고, 그럴수록 우물에 사람만 빠뜨리고, 그럴수록 자지에 피만내고 앉아있었을 그들을 생각해보라 !

9세기 말에 이르러 드디어 한 도시중심이 포기되었다! 아~ 그럴 수도 있구나! 종교적 이데올로기는 인간에게 그럴 수도 있다는 가능성을 봉쇄시킨다. 그러나 봉쇄의 근거는 인간의 인식의 방법의 차단일 뿐 하등의 물리적·사실적 근거를 가지고 있질 않다.

평창동 꼭대기에서 울부짖는 사람들에게 휴거는 리얼한 것이지만, 그들의 리얼리티는 사실적 근거가 전무한 것이다. 그것은 그들의 믿음의 체계이며, 그들의 인식방법에 있어서 휴거이외의 인식의 가능성이 차단되었을 뿐이다. 그러나 믿음은 단순한 사실앞에 무기력하다. 몇년 몇월 몇일, 휴거가 온다, 그런데 휴거가 오지 않았다. 그 사실앞에 그들은 떠나야 한다. 휴거를 믿게 했던 권력자들로부터 떠나는 것이다.

마야문명의 멸망은 이러한 단순한 지배계급의 오류에서 온 것이다. 그리고 몰지각한 인신제사나 제식들은 열대라는 기후조건에서 쉽게 전염병을 유발시켰을 수도 있다. 지배계급 자내의 멸망도 급속화되어 갔을 것이다. 도시가 하나 둘 포기되기 시작하자, 인민들의 생존을 위한 열망은 민족 대럿쉬로 이어졌다. 현재의 고고학적 발굴은 이 방대한 도시센터들이 9세기 말 한 10년간에 급속히 버려진 것을 말해주고 있다. 마야는 멸망하지 않았다. 그것은 그냥 버려진 것이다. 사람들이 그냥 떠나 버린 것이다. 더 이상 문명이라는 소꼽장난에 속지 않게 된 것이다. 그들은 급속히 해변으로 이주하였고, 웅장한 도시센터에서 외롭게 자기 자지만을 흠집내고 앉아 있었을 제사장－왕－귀족들은 바로 촘판틀리의 한 해골로 장식되었을 것이다. 이것이 나 도올이 보고 느낀 마야문명의 전부였다. 내가 탄 비행기가 칸쿤 공항을 이륙할 때 나의 눈에 보인 것은 여전히 푸른 숲과 아름다운 비취색 해변이었을 뿐, 마야의 피라미드는 보이질 않았다.

　도올서원강의를 위하여 나는 귀국했다. 귀국하여 보니, 우리나라가 IMF탈출과 연결될 수 있는 많은 청신호가 나타나고 실직등으로 인한 여러 고통스러운 사회현상도 있지만 사회의 많은 분야가 최소한의 자극의 폭에 그친 것이나마 구조조정으로 어떤 새로운 생명력을 발동하고 있다는 반가운 소식도 들려온다. 인간세人間世에는 비극이 있으면 반드시 희극도 있다. 절망이 있으면 반드시 소망도 뒤따르는 법이다. 누구든지 상식이 있는 사람이라면 DJ정권에 의한 정권교체가 우리사회의 진보를 위하여 일정한 유익하고 적극적인 작용을 할 수밖에 없다는 명백한 사실을 부인할 수는 없을 것이다. 기나긴 군사독재의 연장선상에서 인식의 변화를 조금만큼이라고 꾀할 수 없었던 기득권의 연쇄는, 그것이 경상도와 전라도라 하는 지역감정을 떠나서, 어떤 이질적인 변화가 없이는 단절될 수 있는 단서조차 부재했다는 것은 누구나 인정할 수밖에 없다. DJ의 이데올로기가 근원적인 도덕성을 확보했는지는 차치하고라도, 박정희 독재 프레임웍속에서 반사적으로 형성된 그의 안티테제는 역사의 필연적 단계이다. 과거 군사독재정권과 단절된 이질적 요소가 그에게 내포된 것은 사실이고, 또 무조건적인 변화가 갈망되는 판에 그의 정권이 상징하는 진보적 도덕성은 과거 악의 연쇄를 단절시키기 위하여 일정한 역할을 할 수 있을 것이다. 인민의 선거에 의한 평화적 정권교체는 우리 역사가 최소한 자민당 일당독재의 영속성을 밀고나갈 수밖에 없는 일본정치의 연속성에 대해 도덕적 우위를 차지한다. 나는 이 조선땅에 태어난 것을 자랑스럽게 여긴다. 우리나라의 현시점의 가장 큰 문제는 결코 대통령개인의 카리스마에 있는 것이 아니라, 그 카리스마를 구현시켜나갈 수 있는 인간들의 넥수스nexus 즉 연결체의 공통된 인식속에 어떤 진정한 창진적인(really creative) 요소가 있느냐에 달려있다. 여기에 우리는 마야문명의 흥망의 의미를 되새겨 볼 수 있지 않을까 생각한다.

마야의 비참한 종언을 씁쓸하게 되씹으면서 귀국했을 때, 내 삶의 주변에는 비슷한 아이러니가 전개되고 있었다.

현금 서대문구청에서, 장안 한 복판의 최고 명산이라 할 수 있는 무악의 중허리를 뻥도려내어, 천연동·현저동·홍제2동·연희3동·대신동·봉원사·북아현동을 잇는, 폭12m 길이 7천미터의 200억이상이 들어가는 대규모의 안산순환도로를 건설하는 것을 추진하고 있으며, 이미 이 공사에 21억원을 투입하였다고 한다. 참으로 몰상식하고 몰염치한 짓이다. 태고종의 대본산이며 유서깊은 고찰인 봉원사는 역내에 이런 일이 추진되고 있다는 사실을 뒤늦게 알고 발끈, 조직적 항의를 여러 방면으로 시도하고 있다고 들었다. 문제는 이러한 사업의 이해득실의 논의가 그 피해의 장본인인 주민들에게 한번도 폭넓게 계몽된 적이 없는 상황에서 일방적으로 관리들에 의하여 수립되고 은근슬쩍 강제되고 있다는 사실에 있다.

조선대륙의 봉화의 종착지인 무악毋岳, 하륜河崙이 이성계에게 원래 서울을 이 무악아래로 잡자고 우기기까지 했던 그 명산 무악을 정점으로 하고 있는 안산鞍山은『흥보가』에도 나오듯이 제비가 서울을 올 때 반드시 거쳐가는 우리 역사의 낭만의 추억이 어린 장안의 명소다. 조선 명종 때의 학자 남사고南師古가 낙산駱山과 안산鞍山을 들어 동인東人과 서인西人의 미래를 예측한 것은 유명한 고사이지만, 서울 경복궁의 지세는 낙산駱山을 좌청룡으로 하고 안산鞍山을 우백호로 하고 있다는 것은 천하가 다 아는 사실이다. 현금, 조선의 실경산수의 거장 겸재가 그린 "인왕재색도"를 마주보고 우람하게 서있는 무악의 정기는 우로 벋어 연희궁터의 연세대학교를 기름지게 하고 있고, 좌로 벋어 이화여자대학교, 서강대학교까지 그 지세를 바탕으로 하고 있다. 그리고 이 양 날개 한 가운데 포근하게 안긴 명당에 새절(新寺)인 봉원사가 자리잡고 있는 것이다.

안산은 수없는 약수가 솟아나고 있고 아직도 짙은 수림과 우람찬 바위가 그 정기를 지탱하고 있어 시민의 건강을 위한 산책공원으로 백만인의 절대적인 사랑을 받고 있다. 그런데 서대문구청은 벼라별 쓸데없는 체육시설, 도로 등을 만들면서 근 10년동안 아주 조직적으로 이 산을 훼손하는데 앞장서왔고, 최근에는 그 산꼭대기에 자리잡은 군부대마저 합세하여 시민들의 원성을 외면한채 산꼭대기에 군시설을 확충한다는 명목으로 거대한 도로를 풍풍 뚫어 놓았다. 몇년전까지만 해도 군인들은 걸어다녔다. 그런데 지금은 꼭 차를 타고 다녀야 하는 모양이다. 물자수송도 그렇다. 이렇게 통신시설이 발달한 시대에, 통신부대 소수의 편의를 위하여 왜 그렇게 다수의 시민의 사랑을 받는 산림이 마구 훼손되는 것이 정당화될 수 있는지 이해가 가질 않는다. 군軍은 도대체 무엇을 위해 이 땅에 존재하는 것일까?

서대문구청장님은 "국선도"를 하시는 분이다. 그래서 구민들의 건강을 위하여 문화체육관을 지어놓고 몸소 국선도를 가르치시고 계시다. 선도仙道란 본시 몸의 자연自然을 개닫는 도道이다. 인위에 시달린 몸의 불균형을 자연의 균형상태로 돌리는 조신調身의 방법인 것이다. 그렇다면 내 몸의 자연自然의 원형인 대자연大自然의 모습을 그렇게 훼손함으로써만이 인위人爲의 편의를 확대할 수 있다는 발상은 도대체 어디서 나온 것인가? 먼동이 틀때면, 체육관으로 몰려드는 사람들의 수십, 수백배되는 사람들이 안산으로 몰려들어 대자연의 선도仙道를 체득하고 있다는 사실은 모르시는가?

첫째, 안산순환도로는 지극히 로칼한 도로이며 대국적으로 서울전체의 교통순환에 별 도움을 주지 않는다. 소통의 효용이 극소한 것이다. 그리고 순환이 더딤으로서 더 많은 보이지 않는 효용이 있을 수 있다면 그것은 구태여 건드릴 필요가 없는 것이다.

둘째, 안산주변은 모두가 조용한 주택가며 우리나라의 주요한 교육기관들이 자리잡고 있다. 그리고 우리나라 문화재인 봉원사가 고찰로서의 품격을 갖추고 있다. 이 지역에 거대한 도로의 소통의 필연성이 전무하다.

셋째, 계획된 도로는 산 중허리를 뺑둘러 자르는 것이며 그 위치가 주택지보다 높다. 그러니 안산·무악 주변의 서대문구의 광대한 조용한 주택지역이 거기서 아래로 쏟아퍼붓는 시커먼 매연과 이십사시간의 소음에 휩싸이게 될 것이다. 몇몇이야 땅값이 올라 좋아할 자도 있을 것이고, 시공업체들의 구조적 이권이 걸려 있을 것은 정해진 이치겠지만 이것은 참으로 목전의 소수이익을 위하여 영원한 국가대계를 그릇치는 매우 왜곡된 발상이다. 영원히 돌아올 수 없는 자연의 훼손으로 우리민족이 얻을 수 있는 것은 아무것도 없다. 더구나 인구가 밀집된 서울 한복판의 울창한 수풀의 효용적 가치는 설악산·금강산 전체와도 못 바꾸는 것이다.

넷째, 현재의 서울 한복판에 안산과 같은 수림이 존재한다는 것은 천혜의 복락이며, 이것을 훼손한다는 것은 국민건강을 본질적으로 파괴하는 것이다. 인위의 편의를 위한 자연의 파괴가 인간의 건강을 파괴시키는 것이라면 그 인위는 아무리 편의적인 것이라해도 허용될 수가 없는 것이다. 편의 때문에 인간 삶의 질의 본질적 저하를 도모할 수는 없는 것이다. 그리고 더 중요한 사실은 대다수의 시민의식이 그러한 작은 편의를 위하여 삶의 질의 본질적 저하를 감내할 생각이 없다는 사실이다. 우리는 지금 개발보다는 무형의 질을 높여야 할 시대에 살고 있는 것이다.

다섯째, 산의 허리를 뺑돌라 자르는 행위는 산의 정기를 완전히 고갈시킬 것이며 산을 죽일 것이다. 종로구청에서는 낙산 꼭대기에 지은 아파트들을 헐어 낙산의 수림을 회복한다고 하는 판에 어째 국선도를 하시는 청장님이 주도하시는 서대문구청에서는 우리민족의 경도의 우백호를 멸절시키는데 혈안이 되셨는가?

내가 도대체 왜 이런 구차한 소리를 하고 있는가? 나 도올이 왜 이렇게 구구한 필봉을 옮겨야만 하는가? 내가 봉원사 밑에서 삼십년을 산 죄업때문인가? 도대체 우리민족은 언제나 이렇게 명백하게 잘못된 일을 이토록 어렵게 지적해야만 하는 쓸데없는 짓을 안하고 살 수가 있을까? That government is best which governs least! "다스리지 않는 정부일수록 좋은 정부다"라는 미국의 양심 헨리 써로우Henry Thoreau,

1817~1862의 말을 액면 그대로 다 받아들이지 않는다 하더래도 보다 창조적인 일들을 위하여 우리의 힘을 합칠 길은 없겠는가? 현금의 조선대륙의 최대의 과제는 남·북한을 통털어 "관료제도의 비합리성"이다. 그것은 바로 인식구조의 편협성이다. 그리고 그러한 편협성 때문에 구조적인 죄악을 영속한다는 데 있다. 아직까지도 서대문구청에서 벌이는 가치있는 구민사업이 토목공사 밖에는 없단 말인가? 박정희 시대의 유물적 사고 밖에는 없는 것이다. 구청이 해야할 보이지 않는 사업은 여기저기 산적해 있다!

아직도 한국의 관리들은 마야의 피라미드를 지을 생각부터 하고 있다. 사람들이 곧 떠나고 말 피라미드를 계속해서 짓고 있다. 할 필요가 없는 일들만 골라 열심히 하고 있다. 그리고 그들의 피라미드제사에 왜 천지天地가 감응하지 않는지, 그 근원적 문제의 소재가 어디있는지 감도 잡지 못한채, 오늘도 쇼크왕후의 피흘림의 제식만을 계속하고 있는지도 모른다. 마야의 현실은 바로 여기 우리 속에 있다. 마야문명이 우리에게 가르쳐 주는 가장 뼈아픈 진실은 종교가 권력을 장악하는 문명은 비참하게 해체되고 만다는 사실이다. 종교는 필연적으로 폭력과 위선을 동반하지 않을 수 없다. 개명한 세상에서 자력으로 살 수 있는 사람들이 왜 하필 종교에 의존하여 살아가는가! 선각자 함석헌이 외치는 "무교회주의"도 종교가 제도화되고, 권력화되어서는 아니된다는 것이다. 오늘날 우리문명을 영위하는 시민들의 인식체계 속에 건축 붐, 토목공사 붐은 특이한 종교의 행태를 지니고 있다. 아파트를 계속 짓는 것으로써 아파트 주거문제는 해결되지 않는다. 아파트는 마야 사람들이 지은 피라미드와 유사하다. 그 많은 돈을 들여 짓지만 결국은 공동화되고 마는 것이다. 그리고 끊임없이 경제구조를 교란시키는 것이다. 메타노이아! 결국 생각(노이아)을 바꾸는(메타) 것 밖에 다른 길은 없다!

마야 피라미드 계단의 뱀 神

〈 후기 〉

　　내가 가족들과 함께 모처럼의 여행을 한 것은 1998년 12월 22일부터 25일까지 나흘간이었다. 그리고 이 글은 1999년 4월호『신동아』에 실렸다. 당시『신동아』는 10만 부 이상이 팔리는 한국 지성계의 중심체였다.『신동아』의 개방성과 포용성, 그리고 진보적 사유를 리드한 것은 김종심金種心 차장과 김중배 편집국장이었다. 나에게 항상 자유로운 집필공간을 마련해준 김종심 선생에게 감사의 정을 표한다.

　　20세기 마지막 해에 내가 이 글을 쓸 때에는, 나는 마야문명에 관한 포괄적인 인식을 갖지 못했다. 그것은 나의 지적 탐구의 미비한 면도 있었지만, 마야문명에 대한 세계학계의 연구가 충분히 그 전모를 파악할 수 있게끔 진척되어 있질 않았기 때문이다. 당시 나는 마야문명의 몰락을 종교적 광기의 귀결로 간주하고 있었다. 그것은 스페인 침략자들이 마야문명을 멸절시키고 왜곡시키기 이전의 본래적 모습에 대한 충분한 정보와 해석이 성숙되어 있지 않은 상태에서 내려진 상식적 판단이었다. 그러나 그러한 편견에서 벗어난 김미루의 세심한 관찰은 마야문명을 달리 토착적인 문화의 맥락에서 탐구해 보려는 실마리를 더듬고 있다. 따라서 미루의 인식체계는 나의 글보다 훨씬 더 포괄적인 인식 위에서 전개되고 있다. 나는 독자들의 혼미를 피하기 위하여 내 글을 싣지 않으려 했으나, 나의 사상편력의 한 여정에서 남겨진 글이므로 여기에 실어두는 것을 의미 있는 일이라는 출판사의 권고에 따라, 여기 게재하는 것이다.

이 글에서 항의하고 있는 "안산순환도로"건설 계획에 관하여 나는 이화대학교 학생회, 연세대학교 학생회, 태고종 봉원사 승려들, 그리고 봉원동 주민들과 연합하여 연명청원서를 작성하였고, 당시 고건 서울시장을 예방하여 이 문제의 실상을 호소하고 건설계획철회를 요청하였다. 고건시장은 기꺼이 우리의 부탁을 수락하였고, 서대문구청에 권유를 하겠다고 하였다. 당시 이정규 구청장님도 나와 평소 선도의 동지로서 교류하고 있었다. 이정규 구청장님은 이 계획을 백지화시켰다. 이 자리를 빌어 이정규 구청장님의 용단에 경의를 표한다. 나는 서대문구청의 제현께 당부하고 싶다. 안산은 내버려둘 수록 좋다. 인위적 시설을 철거할 수록 아름답다. 산山은 스스로 그러하기에 산이다.

2026년 1월 25일

미루의 마야문명 탐험

2026년 3월 11일 초판 발행
2026년 3월 11일 1판 1쇄

지은이 · 김미루
펴낸이 · 남호섭

편집 _김인혜, 임진권, 신수기
제작 _오성룡
표지디자인 _박현택
라미네이팅 _금성L&S
인쇄 _봉덕인쇄
제책 _강원제책

펴낸곳 · 통나무
서울특별시 종로구 동숭동 199-27
전화: 02)744-7992
출판등록 1989. 11. 3. 제1-970호

© Kim Miru, 2026   값 23,000원
ISBN 978-89-8264-167-1 (03980)